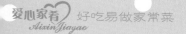
好吃易做的
家常主食

主编○张云甫　　　编写○Candey　蝶儿

U0219256

青岛出版社
QINGDAO PUBLISHING HOUSE

用爱做好菜　用心烹佳肴

不忘初心，继续前行。

将时间拨回到 2002 年，青岛出版社"爱心家肴"品牌悄然面世。

在编辑团队的精心打造下，一套采用铜版纸、四色彩印、内容丰富实用的美食书被推向了市场。宛如一枚石子投入了平静的湖面，从一开始激起层层涟漪，到"蝴蝶效应"般兴起惊天骇浪，青岛出版社在美食出版领域的"江湖地位"迅速确立。随着现象级畅销书《新编家常菜谱》在全国摧枯拉朽般热销，青版图书引领美食出版全面进入彩色印刷时代。

市场的积极反馈让我们备受鼓舞，让我们也更加坚定了贴近读者、做读者最想要的美食图书的信念。为读者奉献兼具实用性、欣赏性的图书，成为我们不懈的追求。

时间来到 2017 年，"爱心家肴"品牌迎来了第十五个年头，"爱心家肴"的内涵和外延也在时光的砥砺中，愈加成熟，愈加壮大。

一方面，"爱心家肴"系列保持着一如既往的高品质；另一方面，在内容、版式上也越来越"接地气"。在内容上，更加注重健康实用；在版式上，努力做到时尚大方；在图片上，要求精益求精；在表述上，更倾向于分步详解、化繁为简，让读者快速上手、步步进阶，缩短您与幸福的距离。

2017 年，凝结着我们更多期盼与梦想的"爱心家肴"新鲜出炉了，希望能给您的生活带来温暖和幸福。

2017 版的"爱心家肴"系列，共 20 个品种，分为"好吃易做家常菜""美味新生活""越吃越有味"三个小单元。按菜式、食材等不同维度进行归类，收录的菜品款款色香味俱全，让人有马上动手试一试的冲动。各种烹饪技法一应俱全，能满足全家人对各种口味的需求。

书中绝大部分菜品都配有 3~12 张步骤图演示，便于您一步一步动手实践。另外，部分菜品配有精致的二维码视频，真正做到好吃不难做。通过这些图文并茂的佳肴，我们想传递一种理念，那就是自己做的美味吃起来更放心，在家里吃到的菜肴让人感觉更温馨。

爱心家肴，用爱做好菜，用心烹佳肴。

由于时间仓促，书中难免存在错讹之处，还请广大读者批评指正。

美食生活工作室

2017 年 12 月于青岛

第三章　齿颊留香的米类主食

第四章　浓香四溢的西式面点

本书经典菜肴的视频二维码

馒头（直接法）
（图文见 16 页）

健康油条
（图文见 82 页）

发面油酥大饼
（图文见 70 页）

第一章

主食高手的私房秘籍

高筋面粉，低筋面粉，面粉也有筋吗？

黄米和小米都是黄黄的，怎么分啊？

玉米淀粉，小麦淀粉，不都是淀粉吗？

不经一番好准备，怎得主食扑鼻香！

主食高手们都有哪些私房秘籍呢？

他们的必备神器和原料又有什么功用，怎么区分，如何使用呢？

在动手做主食之前，先来学习一下吧！

1 主食高手必备神器

案板 通常是指面板，用于面点的擀皮、成形等。一般用木头、竹子或塑料制成。

擀面杖 以枣木或檀木制成的擀面杖较好。用于擀制饼、包子皮、饺子皮、面条等。

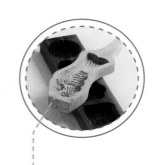

月饼模、馒头模、米糕模具 用于月饼、馒头、米糕的成形。

面条机 用于压制面条、馄饨皮等，也可以用于发酵面团排气。面条机有电动的，也有手摇的。

克秤 用于精确称量原料的用量。

面盆 用于和面、发面、调馅儿等。

漏勺 用于捞出、过滤水中或油中的食物。

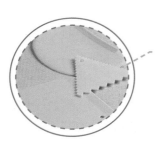

刮板 辅助和面工具，主要用于和面和面团整形等。其中，两用刮板主要用来切面和铲除残渣碎屑；三角齿可以用来给奶油蛋糕做造型，也可以用来整形、切面。

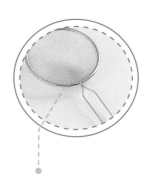

面粉筛 用于筛取面粉，使面粉无结块和大的颗粒。

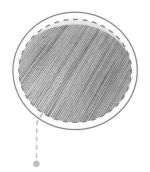

盖帘 用于放置馒头、包子、饺子、馄饨、烧卖等的生坯，有透气等优点。

打蛋器 用于搅打蛋液或者面糊，有手动和电动打蛋器之分。

礤床 用于把食材刨丝、刨片或者研磨成碎末。

切模 用于把食物或者面片切出花形。

油刷 用于刷油或者刷蛋液。

屉布 通常用粗棉布制成，打湿后用于蒸制面食时防粘。

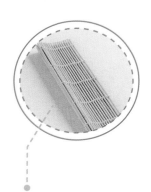

寿司帘 用于辅助卷制食材。

笼屉 用于蒸制馒头、包子等。

蒸锅 用于蒸制馒头、包子、饺子、烧卖、米饭等。

高压锅 用来蒸米饭、煮稀饭、煮粽子等，可以节省时间和节约能源。有普通能源压力锅和电压力锅。

平底锅 用于烙饼、煎鸡蛋、做水煎包等。

砂锅 用于煲粥、煲汤、煲糖水等。

烤箱 用于烤制食物。

料理机 一般基本款就可以满足搅拌、粉碎、干磨，甚至碎肉的功能。

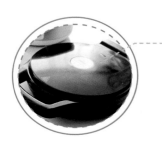

电饼铛 用于烙馅饼、烤肉等，很方便，不需要翻面。

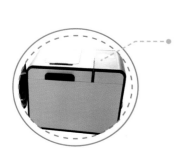

面包机 除了做面包外，面包机还是一个很好的揉面工具，特别是揉制一些偏湿软或者需要一定面筋强度的面团。

电饭煲 用来煮米饭，做焖饭、煲仔饭等。电饭煲相较电压力锅，方便之处在于它可以中途打开加料，更适合用来做菜饭。

小贴士

原料计量单位换算

1 汤匙 = 15 毫升	1/4 茶匙 = 1.25 毫升
1/2 汤匙 = 7.5 毫升	少许 = 略加即可
1 茶匙 = 5 毫升	适量 = 依自己口味自主决定分量
1/2 茶匙 = 2.5 毫升	

主食高手必备原料

粉类原料

→ **面粉**

面粉是用小麦磨出来的粉，分为高筋面粉、中筋面粉和低筋面粉，是我们在厨房中比较常用的面食材料。

面粉的筋度，指的就是面粉中所含蛋白质的比例，具体为：

高筋面粉 蛋白质含量为12.5%~13.5%，常用来做面包、面条、饼等。

低筋面粉 蛋白质含量在8.5%以下，常用来做蛋糕或各类小点心。

中筋面粉 蛋白质含量为8.5%~12.5%，是市面上最常见的面粉，适合做各种家常面食，如馒头、包子、面条、饼等。

小贴士

在本书中，凡是使用"面粉"处均指中筋面粉，用到高筋面粉和低筋面粉时会特别标明。

➡ 米粉

米粉是指用米磨成的粉。根据米的种类不同，常用的米粉可分为：

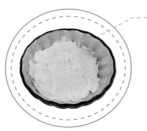

糯米粉 分为普通糯米粉和水磨糯米粉。普通糯米粉是将糯米用机器研磨成的粉末，类似面粉，粉质较粗；水磨糯米粉是将糯米浸泡后，再经过研磨、过滤、破碎、烘干等工艺制成的，粉质细腻润滑。糯米粉适合做汤圆、年糕、驴打滚和油煎类中式点心等。

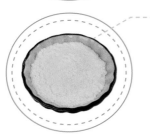

黏米粉 用普通大米磨成的粉，黏性不如糯米粉，适合做蒸类中式点心，如松糕、发糕、米糕等。

紫米粉 用紫米磨成的粉。做馒头、花卷等时，面粉中可以适当添加紫米粉。

黑米粉 用黑米磨成的粉。做馒头、花卷等时，面粉中可以适当添加黑米粉。

➡ 淀粉

在做菜肴时，淀粉主要用于勾芡、上浆。在做面食时，淀粉可以用来防粘。淀粉还可以作为面粉筋性的调节剂，比如在中筋面粉中加入适量淀粉就可以配制成低筋面粉。淀粉的主要种类有：

玉米淀粉 供应量最多的淀粉，但不如土豆淀粉性能好，主要用来防粘或者调配面粉的筋性。

小麦淀粉 也叫澄粉、澄面。它是将面粉加工成水粉后，再经过沉淀、滤干水分、晒干后研细而制成的粉料。小麦淀粉的特点是色洁白、面细滑，做出的面点半透明而脆。一般用来制作水晶透明的中式点心，如水晶冰皮月饼、水晶虾饺、粤式肠粉等。

红薯淀粉 也叫地瓜淀粉、山芋淀粉，由鲜薯经磨碎、揉洗、沉淀等工序加工而成，特点是吸水能力强但黏性较差、无光泽、色暗红带黑。

绿豆淀粉 最佳的勾芡淀粉。它的特点是黏性足，吸水性小，色洁白而有光泽。

土豆淀粉 家庭中用得最多、质量最稳定的勾芡淀粉，在有些地方也叫太白粉。其特点是黏性足，质地细腻，色洁白，光泽优于绿豆淀粉，但吸水性差。

米类原料

⊃籼米

特点是硬度中等，黏性小，胀性大。主要用于制作干饭、稀粥，磨成粉后也可用来制作小吃和点心。用籼米粉调成的粉团质硬，能发酵使用。

⊃粳米

特点是硬度高，黏性低于糯米，胀性大于糯米，出饭率比籼米低。用纯粳米粉调成的粉团，一般不发酵使用。

⊃香米

稻谷的一种，这种稻谷长在田里时就有一股香气，抽穗扬花期香味尤烈。香米雪白滚圆，做成饭香味四溢。

⊃黄米

去了壳的黍子的籽实，比小米稍大，颜色很黄，煮熟后很黏。

⬆ 糯米

又称江米。其特点是黏性大，胀性小，硬度低，成熟后有透明感，出饭率比粳米还低。糯米既可直接用来制作八宝饭、糯米团子、粢饭、粽子等，又可磨成粉和其他米粉混合，制成各种富有特色的黏软糕点。用纯糯米粉调制的粉团不能发酵使用。

⬆ 黑米

黑米是由禾本科植物稻经长期培育形成的一类特色品种，粒型有籼、粳两种。用黑米熬制的粥清香油亮，软糯适口，营养丰富，具有很好的滋补作用，因此黑米被称为"补血米""长寿米"。

⬆ 高粱米

高粱米有红、白之分。红者又称酒高粱，主要用于酿酒；白者用于食用，性温，味甘涩。

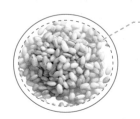

⬆ 糙米

脱去外保护皮层稻壳，内保护皮层（果皮、种皮、珠心层）完好的稻米籽粒，其口感较粗、质地紧密、煮起来比较费时，但维生素、矿物质、膳食纤维含量比精米高。

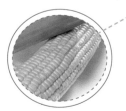

⬆ 玉米

又名苞谷、棒子、玉蜀黍等，有些地区以它为主食。玉米含有丰富的蛋白质、脂肪、维生素、微量元素等，具有开发高营养、高生物学功能食品的巨大潜力。

⬆ 小米

又称为粟米，是去了壳的谷子的籽实。小米的品种很多，按米粒的性质可分为糯性小米和粳性小米两类。小米熬粥营养丰富，有"代参汤"之美称。

⬆ 薏米

又称苡仁、薏仁米等。薏米为去了壳的薏苡的籽实。薏米性凉，味甘、淡，入脾、肺、肾经，具有利水、健脾、除痹、清热排脓的功效。

添加剂

○ 发酵剂

普通家庭一般使用鲜酵母、活性干酵母、面肥作为发酵剂来发面。

鲜酵母 用鲜酵母发面做出的面点香味浓郁。鲜酵母可以切成小块，用保鲜袋封好，放在冰箱中冷冻保存。

使用方法：鲜酵母在使用前要用水化开，不能直接使用。

鲜酵母与面粉的配制比例：一般是每1000克面粉加入12克左右鲜酵母。鲜酵母的用量要根据季节的不同适当调整，夏天可以少放些，冬天可以多放些。

活性干酵母 含水分8%左右、呈颗粒状、保持发酵能力的活性干酵母，是将特殊培养的鲜酵母进行压榨、干燥、脱水而制成的。

使用方法：活性干酵母需先用水化开，再倒入面粉中。

活性干酵母与面粉的配制比例：一般每1000克面粉加8克左右活性干酵母。

面肥 有的地区叫作老面、面头、酵子等，就是把上一次做发面制品的面团留一块，用作下一次面团发酵的媒介。面肥发面法做出的面点成品香味浓郁，生坯不用二次醒发即可直接上锅。

使用方法：因为发酵过程中面团会产生酸味，所以需要对入碱水来中和，而碱水的用量要根据面团的发酵程度而定，这个主要凭经验，难以量化，比较难掌握，不建议初学者采用此方法来发酵面团。

面肥与面粉的配制比例：根据所做面食的不同而不同，例如做馒头和包子时，一般为1000克左右的面粉用100克面肥。面肥放得多，发酵时间相对就短；面肥放得少，发酵时间则相对延长。

⊙膨松剂

制作面点常用的化学膨松剂有泡打粉、小苏打、臭粉等，下面一一说明。

泡打粉 泡打粉又称速发粉、泡大粉、发泡粉、发酵粉，是由苏打粉添加酸性材料，并以玉米粉为填充剂制成的白色粉末。泡打粉是西点膨大剂的一种，经常用于蛋糕及西饼的制作。

泡打粉的分类：根据反应速度的不同，可分为慢速反应泡打粉、快速反应泡打粉、双重反应泡打粉。快速反应泡打粉在溶于水时即开始起作用，而慢速反应泡打粉则在烘焙加热过程开始起作用，双重反应泡打粉兼有快速及慢速两种泡打粉的反应特性。市面上所采购的泡打粉多为双重反应泡打粉。

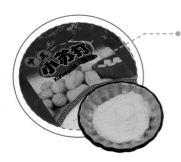

小苏打 碳酸氢钠俗称小苏打，呈白色粉末状。碳酸氢钠固体在50℃以上开始逐渐分解生成碳酸钠、水和二氧化碳气体，因此常将其作为制作饼干、糕点、馒头、面包的膨松剂。碳酸氢钠在作用后会残留碳酸钠，使用过多会使成品有碱味。

臭粉 学名碳酸氢铵。臭粉受热会分解成水、氨气和二氧化碳气体。臭粉一般用在油炸或烘焙食品（例如用在桃酥、油条等制品）中，由于高温下快速释放，氨气在成品里残留很少，通常不会在成品里尝出氨臭味。在正常情况下，这种添加剂对人体不会有不利影响，但含量不宜过高。

常用油脂

⊙固态油脂

室温下呈固体状态的油脂被视为固态油脂，包括动物性黄油和植物性黄油。

① 动物性黄油

一般提到黄油，都是指动物性黄油。烘焙中用到的通常是无盐黄油，因为无盐黄油的味道比较新鲜且较甜、烘焙效果较好。黄油常用在一些重油蛋糕或饼干的制作中，主要是通过打发黄油使烘焙制品内部组织膨胀。

② 植物性黄油

植物性黄油是一种人造黄油，可代替动物性黄油使用，价格也较低，但味道不如动物性黄油好，且含有反式脂肪酸。

⊙液态油脂

在室温下（26℃）呈流质状态的油脂都被列为液态油脂，包括色拉油、橄榄油、融化黄油等。

① 色拉油

最常用在戚风蛋糕或海绵蛋糕中，而花生油等其他液态油脂因为本身味道比较重，所以不太适合在加工蛋糕时使用。

② 橄榄油

在制作面包时，在面团中加入橄榄油比较健康，但成品味道比较清淡。

③ 融化黄油

可代替色拉油在制作戚风蛋糕或海绵蛋糕时使用，做好的蛋糕有比较重的油脂味。

第二章

秀色可餐的中式面点

我国的面食文化源远流长，
滕州薛国故城遗址就曾出土过春秋时期的饺子。
中式面点不仅有馒头、花卷、包子、饼、面条、水饺等众多种类，
更是能满足酸甜苦辣咸等各种口味，
而且在主食高手的巧手下，中式面点才真正称得上"秀色可餐"。
一想到烹饪过程中那溢满全屋的粮食香气，就想赶紧动手做起来呢！

馒头

馒头（直接法）

原料

面粉	400克
酵母	3克
牛奶	260克

做法

① 将酵母和牛奶混匀，倒入面粉，揉成光滑的面团，覆盖发酵至两倍大，取出发好的面团。

② 面团放在铺撒了面粉的案板上，用力揉面，排除发酵产生的气泡。

③ 揉至面团切面细腻，看不到明显的孔洞为止。

④ 将面搓成长条。

⑤ 分切成6个等大的剂子。

⑥ 将面剂子逐个揉圆。

⑦ 收成光滑的圆坯。

⑧ 铺垫上玉米皮，盖好，醒发20~30分钟。待整体均匀松弛后，开水上锅，开大火，上汽后蒸12~15分钟，关火，5分钟后打开锅盖即可。

小贴士

· 如果您喜欢馒头更大、更暄，醒发时间可以适当延长，但需注意不要发过头。

· 关火后，需等5分钟再打开锅盖，以使锅内温度、湿度都降一降，馒头也熟得更稳定一些，不然容易皱皮儿。

破酥馒头

原料

面粉	500克
活性干酵母	3克
牛奶	260克
猪油	67克

做法

① 将活性干酵母和牛奶混合均匀，倒入400克面粉中，揉匀成面团，摊开，放上软化的12克猪油，揉成均匀柔软的面团。

② 收入盆中，发酵至原体积两倍大。

③ 将剩余100克面粉和55克猪油用切拌捏合的手法进行处理，混合均匀成油酥面团。

④ 将发酵好的面团揉掉气泡，均匀摊开，边缘略薄，将油酥面团包入其中，捏合收口。

⑤ 将面团收口朝下放置在案板上，均匀擀开。

⑥ 翻面后将擀开的面片卷起。

⑦ 均匀擀开，擀薄。

⑧ 顺长方向紧密叠卷起来，用双手将叠卷好的面卷形状整理均匀。

⑨ 将面卷均切成8等份，覆盖醒发20~30分钟。开水上锅，大火蒸15分钟即可。

小贴士

· 发酵好的面团和油酥面团的柔软度应该一致，以保证合起后的面团能够顺利擀开，不漏酥。

· 包裹油酥面团时，发酵好的面团不要擀开太大，要确保和油酥面团紧密接触，才能保证酥层分布均匀。

· 面团是很柔软的，擀制过程不需停顿，万一不容易擀开也不要硬来，可停下来松弛5~10分钟再擀。

卡通老虎

原料

面粉	400克
活性干酵母	2克
南瓜泥	55克
牛奶	165克
黑豆	适量
融化的巧克力	适量

小贴士

· 造型时蘸少许水，可以增加面团黏合力。

· 南瓜泥中所含的水分，因南瓜的品质和制熟的方法不同，可能会有所差异。揉面时需要根据南瓜泥的含水量调整一下牛奶的用量，揉好的面团应该是稍硬的。

做法

① 将南瓜泥、50克牛奶和1克活性干酵母混合均匀，倒入200克面粉中，再次混合均匀，揉成光滑细致的面团。

② 用相同的方法将剩余200克面粉、115克牛奶和1克活性干酵母做成面团（与①面团硬度一致）。两个面团全部收圆入盆，覆盖，发酵至原体积两倍大。

③ 取出黄色面团，置于铺撒面粉的案板上，将其揉成切面细致、无明显孔洞的硬面团后，搓成长条。

④ 留出一小块面团后，将长条分成5个等大的剂子，分别揉圆。同样的方法处理白色面团，用湿布覆盖好所有暂时不用的面团。

⑤ 取一个黄色面团，稍按扁成卡通虎的头部。

⑥ 在黄色的预留小面团上揪两小块，分别揉圆压扁，蘸少许水，粘在虎头的上部两侧做耳朵，再从白色的预留小面团上揪一点点，揉圆按扁，粘在耳朵内。

⑦ 在白色的预留小面团上揪两小块，揉圆按扁，嵌上黑豆，再粘到虎头上做眼睛。最后揪两小块白面团，揉成一头细一头粗的长条，对粘成虎的胡子。依次做完其他面团，铺垫，覆盖醒发30分钟。开水上锅，大火蒸10分钟左右。出锅放凉后，用融化的巧克力装饰即可。

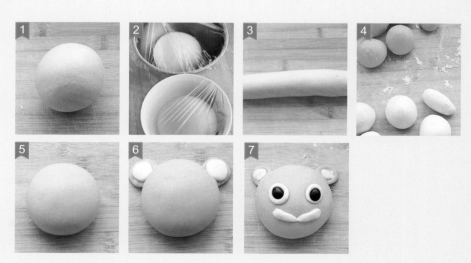

黑豆面酸奶馒头

原料

小麦面粉	500克
黑豆面	100克
酸奶	165克
鲜酵母	9克
水	160克

做法

① 小麦面粉和黑豆面放入盆中搅拌均匀，倒入酸奶，拌匀。鲜酵母放入水中，搅拌至溶化，分次加入面粉盆中，先搅拌成雪花状的面团。

② 将面团揉搓均匀，收圆，加盖，发酵1~2小时。

③ 将发酵好的面团揉至完全排气，搓成条，分割成数个大小均等的面剂子。

④ 取一个面剂子，揉成馒头生坯。

⑤ 将做好的馒头生坯间隔一点儿距离放置到盖帘上。

⑥ 馒头生坯加盖拧干的湿布，醒发15~20分钟。

⑦ 蒸锅内铺好打湿的屉布，放上醒发好的馒头生坯。加盖后大火烧开，转小火蒸20分钟即可。

小贴士

· 面粉的吸水量不同，面团中所加水量也要适当调整。

· 发酵好的面团要揉搓至完全排气，成品馒头表面才光洁。

面肥豆渣白莲花馒头

原料

面粉	250克
面肥	50克
清水	120克
豆渣	25克
小苏打	1/2茶匙

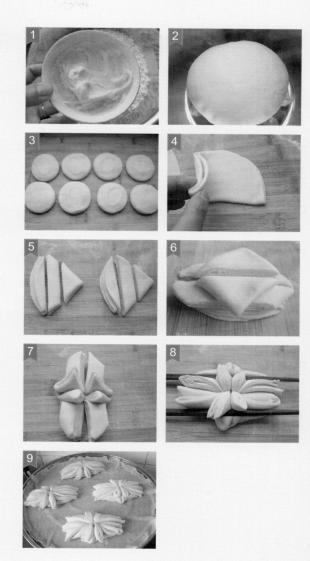

做法

① 面肥用少许清水化开，倒入面粉中搅拌均匀，再放入豆渣拌匀。

② 面粉中分次加入剩下的清水，揉搓成面团，盖湿布发酵至原体积两倍大。

③ 发酵好的面团中放入小苏打，揉搓均匀至面团内无气体。将其放在案板上搓成长条，分割成8个大小均等的剂子。把剂子分别搓圆按扁，用半干的纱布盖好。

④ 先取两个剂子，分别擀成直径12厘米、厚3毫米的圆形面片。两个面片分别先对折成半圆形，再对折成直角扇形。

⑤ 用刀在每个折好的面片上直切两刀，将其分成三段。

⑥ 把切出的同样大小的面段两两相对，按照次序叠起来。

⑦ 用一根筷子在中间横向压一下。

⑧ 把坯子旋转90°，用两根筷子横向同时下压。再将两根筷子相对往中间捏紧，一朵可爱的莲花就做好了。其他剂子依次做好，盖湿布醒发15分钟。

⑨ 莲花馒头生坯冷水上锅，大火烧开后转小火蒸15分钟，3分钟以后再开盖取出。

桂花鲜奶开花馒头

原料

低筋面粉	100克
玉米淀粉	20克
蛋清	30克
鲜奶	100克
植物油	10克
泡打粉	4克
白糖	50克
干桂花	适量

做法

① 鲜奶、蛋清、白糖放入大碗中，用打蛋器或筷子搅拌至白糖溶化。

② 将低筋面粉、玉米淀粉、泡打粉过筛后放入大碗中，轻轻拌匀。

③ 面粉中放入植物油拌匀至呈挑起后能流下来的稠面糊状，静置20分钟。

④ 面糊中加入干桂花，拌匀。

⑤ 把面糊倒入油纸杯中，装七分满，发酵20分钟。

⑥ 面糊杯开水上锅，大火蒸10~12分钟即可。

原料

面粉	500克
活性干酵母	5克
白糖	100克
泡打粉	10克
面粉改良剂、水	各适量
食用色素	适量

做法

① 将面粉、泡打粉拌匀，加入白糖、面粉改良剂、活性干酵母、水和匀，揉成表面光滑的面团。

② 将面团分割成数个等大的剂子，逐个捏成桃子和绿叶的形状，即为寿桃馒头生坯。

③ 将寿桃馒头生坯放入蒸笼，常温下静置50～60分钟，上锅蒸8～10分钟即熟。取出后喷少量食用色素即成。

寿桃馒头

原料

面粉	500克
活性干酵母	5克
白糖	100克
泡打粉	10克
面粉改良剂	25克
红豆、紫米面、椰蓉馅儿、水	各适量

做法

① 将面粉、泡打粉、紫米面混合拌匀，加入白糖、面粉改良剂、活性干酵母、水和匀，揉成表面光滑的面团。

② 面团静置10分钟后搓条，下剂，擀皮，包入椰蓉馅儿，捏成刺猬状。在表面用剪刀剪出刺，嵌入红豆做眼睛，制成刺猬馒头生坯。

③ 将刺猬馒头生坯放入蒸笼中，常温下静置50～60分钟，上锅蒸8～10分钟即熟。

刺猬馒头

花卷

椒盐双色卷

原料

面粉800克，活性干酵母6~7克，牛奶260克，蒸熟的铁棍山药半根，枸杞30粒，黄豆2/3杯，油3/2汤匙，椒盐适量，水适量

做法

① 将铁棍山药、枸杞、黄豆放入全自动豆浆机，加水至刻度线，打成豆浆，放凉，取1小杯（约248克）做和面的液体。

② 将400克面粉、3~4克活性干酵母和牛奶混合，剩余400克面粉、3克活性干酵母和山药枸杞豆浆混合，分别揉成两个光滑柔软的面团，发酵至原体积两倍大。

③ 取出发酵好的面团，充分揉面排除气泡后，拍成两个等大的椭圆面团。

④ 分别将两个面团均匀擀开成约5毫米厚的等大的面片。将两个面片表面均匀抹油，各撒一层椒盐，再摞在一起。

⑤ 两个面片四边都对齐后，从长边一端开始紧密卷起。

⑥ 将面卷切成双数个约2厘米宽的小段。

⑦ 两个面段摞在一起，用筷子横向压到底。

⑧ 双手捏住面段两端略抻，右手持筷子放在面段的背面，以筷子为中轴左手将两端捏住。左手不动，右手捏住筷子顺时针转一圈。

⑨ 转圈回来后压住左手的捏合处。

⑩ 抽出筷子即成椒盐双色卷生坯。依次做完其他面段，铺垫好，覆盖，醒发20分钟。开水上锅，上汽后大火蒸16分钟即可。

肉卷

原料

面粉	300克
小葱碎	50克
猪颈背肉	190克
活性干酵母	3克
牛奶	200克
料酒	1茶匙
生抽	1茶匙
老抽	1/2茶匙
蚝油	2茶匙
五香粉	1/4茶匙
盐	1/2茶匙
蛋清	1汤匙
淀粉	1茶匙
香油	1茶匙

做法

① 将牛奶和活性干酵母混合均匀，倒入面粉中，揉成光滑柔软的面团，于温暖处发酵至原体积两倍大。

② 猪颈背肉剁成肉馅儿，加入料酒、生抽、老抽、蚝油、五香粉、盐和蛋清，搅拌均匀。加入淀粉搅匀，再倒入香油拌匀。

③ 面团发酵好后，从盆中取出，揉掉气泡，擀成约5毫米厚的长方形，分切成两份。

④ 将小葱碎和肉馅儿混合拌匀，均匀地涂抹在面皮上。

⑤ 将面皮由窄的一端开始卷起。两份都做完后，醒发30分钟，开水上锅，大火蒸12分钟，取出切块即可食用。

蜂蜜红豆卷

原料

面粉	250克
鲜酵母	4克
红豆	100克
清水	110克
白糖	30克
蜂蜜	1大匙

小贴士

· 面皮不要擀得太薄，以免影响醒发效果。

· 如果用的是不锈钢蒸锅，蒸的时候一定要用小火。

做法

① 红豆用清水浸泡8小时，上锅蒸30分钟，取出，沥干水分，用白糖和蜂蜜拌匀，腌2小时入味。

② 鲜酵母用110克清水化开，分次倒入面粉中，拌匀，揉成面团，加盖发酵至原体积两倍大，取出，揉搓至内部无气泡，擀成厚约5毫米的长方形面片，先将1/2的蜜豆铺放在一半面积的面片上。

③ 将铺蜜豆一边的面片卷起至中间位置。

④ 把剩余的蜜豆铺在面片的另一半上，从另一端卷起。两个卷的接触面抹些清水粘紧，一切两半。

⑤ 两端分别收紧口，盖湿布醒发20分钟。

⑥ 生坯入锅，大火烧开后转小火蒸15分钟，关火，3分钟后取出晾凉，切块即可。

南瓜金丝卷

原料

面粉	500克
南瓜泥	80克
清水	170克
鲜酵母	8克

做法

① 将清水分为50克和120克两份，各放入4克鲜酵母，浸泡3分钟，搅拌均匀。

② 将250克面粉和大份的酵母水拌匀，揉搓成均匀的面团，盖湿布发酵至原体积两倍大。

③ 将剩余的250克面粉和南瓜泥、小份酵母水混匀，盖湿布发酵至原体积两倍大。

④ 发好的黄色面团用压面机最厚的挡反复压7~8次，再用压面机切条。

⑤ 黄色面条放在保鲜膜上，表面刷一层植物油，每根面条都要刷到。刷过油的面条两端取齐，再用刀切成等长的6段。

⑥ 白色面团用压面机反复压7~8次，再次揉匀后搓成条，分割成6个等大的剂子。

⑦ 取一个白色面剂子，用擀面杖擀成厚约2毫米的椭圆形面片，面片中央放入切好段的南瓜面条。

⑧ 将面片的下部向上折，包裹住面条，两端抻长向上翻折，再将上部的面片擀薄，抹清水，向上翻折包紧，成南瓜金丝卷生坯。其他生坯依次做好。

⑨ 生坯两侧蘸少许干面粉，紧挨着并排放在盖帘上，盖湿布二次醒发约20分钟。

⑩ 醒发好的生坯凉水上锅，大火烧开后转小火蒸15分钟，关火，3分钟后开盖取出。待金丝卷凉至不烫手，用双手轻揉，使内部的金丝散开即成。

豆沙猪宝贝

原料

面粉	200克
活性干酵母	2克
牛奶	128克
豆沙馅儿	适量
南乳	1/2茶匙
芝麻	适量

做法

① 用活性干酵母、牛奶和面粉制成发酵面团，揉匀揉透后，取一小块面团加入南乳，制成粉色面团（如果粘手，可以撒少许面粉辅助揉匀）。

② 将剩余白面团揉成长条，分切成若干个小剂子。

③ 将面剂子擀开，放上豆沙馅儿，包成圆包，收圆。

④ 将粉色面团擀成薄片，切条后改刀成小三角状。另将部分小粉面团捏成椭圆形，备用。

⑤ 将椭圆面团捅两个洞和两个小三角面片一起粘在豆沙包上，再粘两粒黑芝麻做眼睛。

⑥ 铺垫，醒发10分钟，开水上锅，大火蒸8分钟即可。

原料

面粉	100克
红薯面	400克
豆腐	250克
葱姜末、盐、花生油、沸水	各适量

做法

① 将红薯面、面粉混合，用沸水烫透，揉匀，晾凉。

② 豆腐切小丁，加入葱姜末、盐、花生油拌匀，制成馅料。

③ 取凉好的红薯面团搓条，下剂，擀皮，包入馅料，上锅蒸熟即成。

红薯烫面包

原料

面粉、猪肉馅儿、马蹄、玉米粒、葱姜末、盐、酱油、香油、植物油、清水各适量

做法

① 面粉倒入盆中，加温水和成表面光滑的面团，发酵片刻。马蹄去皮，洗净，切末。玉米粒洗净。

② 猪肉馅儿放入容器中，加酱油和适量清水顺时针搅打上劲，静置数分钟，加葱姜末、马蹄末、玉米粒、香油、盐搅匀，制成馅料。

③ 面团搓条，下剂，擀皮，逐一包入馅料，制成水煎包生坯。

④ 煎锅置火上，倒入少许植物油烧热，码入生坯，淋入适量清水，小火两面煎8分钟，再淋入适量植物油略煎即可。

玉米猪肉水煎包

萝卜洋葱大包

原料

面粉	400克
活性干酵母	4克
水	220克
青萝卜	400克
洋葱	120克
五花绞肉	120克
料酒	1茶匙
姜末	3/2茶匙
生抽	1茶匙
老抽	1/2茶匙
盐	1茶匙
虾皮粉	1茶匙
油	2茶匙
香油	1茶匙

做法

① 水和活性干酵母混合均匀，倒入面粉中，揉成光滑柔软的面团，覆盖发酵至原体积两倍大。

② 青萝卜洗净，擦丝。（不喜欢萝卜味儿的，可将萝卜丝放入沸水中余1分钟，捞出过凉，挤干水分。）

③ 洋葱切大块，放入料理机，打碎。

④ 再将萝卜丝放入，略打碎。

⑤ 放入五花绞肉、姜末，调入料酒、生抽、老抽、盐、虾皮粉、油和香油，搅打均匀成馅料。

⑥ 将发酵好的面团取出，充分揉面排除气泡，搓成长条，分切成数个大小均等的剂子。

⑦ 将剂子擀开成圆形面皮，放上馅料，对折后从一端开始捏上褶子。

⑧ 将收口捏紧，铺垫好。全部做好后，覆盖醒发20分钟，开水上锅，大火蒸16分钟即可。

小贴士

· 家有料理机，做馅儿既快又方便。如果买回来的是肉块，要先在料理机里绞成肉馅儿。

· 不必太早调馅儿，面团发酵快完成前10分钟再调就来得及。调馅儿太早容易出水，不过出水了也没问题，用筷子搅匀就好了。

红糖弯月包

原料

原料	用量
面粉	305克
活性干酵母	3克
牛奶	190克
红糖	3汤匙
面粉	1茶匙

小贴士

· 红糖中加入面粉是为了降低红糖的流动性，防止红糖汁受热爆溅。面粉的量不要太多，否则红糖会凝结，就吃不到诱人的"糖汁儿"了。

· 实在不会捏褶，可以包成红糖三角包。

做法

① 活性干酵母和牛奶混匀，倒入300克面粉，揉成光滑柔软的面团，发酵至原体积两倍大，取出，再充分揉面，排除多余气泡。

② 将面团揉成均匀的粗条形。

③ 将条形面团分切成6等份，将小面团逐个揉圆，覆盖好。

④ 将红糖和5克面粉混合均匀，制成红糖馅儿。

⑤ 取一个小面团，均匀擀开成厚约7毫米的圆饼。

⑥ 放上1/6的红糖馅儿，将饼对折，右手将一角捏合。

⑦ 用左手拇指和食指折叠外侧的面皮。

⑧ 用右手拇指和食指将内外面皮捏合。

⑨ 两手依次按步骤⑦⑧的做法捏褶。捏出一面的褶子，将收口捏紧。

⑩ 依次做完其他面团，铺垫好，醒发20分钟。开水上锅，大火蒸13分钟即可。

玉米鲜虾烧卖

原料

澄粉	70克
玉米淀粉	20克
开水	100克
猪油	2.5克
海虾	150克
猪肥肉	15克
甜玉米粒	40克
盐	1/2茶匙
胡椒粉	1/4茶匙
味精	1/4茶匙
香油	1茶匙

做法

① 将澄粉和玉米淀粉混合均匀，倒入开水，用筷子搅拌成雪花状。

② 稍凉以后用手揉搓成光滑的面团，放入猪油再次揉匀，盖湿布发酵15分钟。

③ 海虾洗净，去头，去壳，留尾，去虾线。

④ 虾仁剁成小粒，猪肥肉切碎。肥肉、虾肉、甜玉米粒加盐、胡椒粉、味精、香油搅拌均匀成馅儿。

⑤ 发酵好的面团再次揉匀，搓成长条，分成6等份。

⑥ 将6个剂子按扁，轻轻地擀成中间厚、边缘薄的烧卖皮。

⑦ 在烧卖皮中包入调好的馅料，一手托着底部，另一手的拇指和食指轻轻自然收拢，成烧卖饺生坯。

⑧ 每个生坯上再点缀一个完整的虾仁。

⑨ 笼屉上铺鲜玉米皮，放入烧卖生坯，大火烧开，转中火蒸4分钟即可。

小贴士

· 活虾胶质多，虾皮比较难剥。可先在活虾身上洒些水，再盖上湿布捂一会儿，将虾闷死，闷死的虾易于剥壳取仁。

三文鱼猕猴桃水晶石榴包

原料

大米200克，三文鱼100克，猕猴桃2个，木薯淀粉150克，清水350克，香菜梗适量，飞鱼籽适量，盐1/2茶匙，柠檬汁2茶匙，寿司醋2汤匙，白胡椒粉1/4茶匙，熟油、寿司姜、寿司酱油各适量

做法

① 大米淘净后倒入压力锅中，加入200克水，开大火煮至无水时加盖，转小火焖15分钟。

② 木薯淀粉放入大碗内，加150克水搅拌均匀。

③ 平盘内刷薄薄一层熟油，舀入2汤匙的木薯淀粉糊，放入已烧开的蒸锅内大火蒸3分钟，取出。在水晶皮表面刷一层熟油，将其从盘子中揭下。其他水晶皮依次做好。

④ 将蒸好的米饭凉至不烫手，放入寿司醋拌匀。

⑤ 猕猴桃去皮，切成丁。

⑥ 三文鱼去皮切丁，用盐、白胡椒粉和柠檬汁腌5分钟。

⑦ 把三文鱼和猕猴桃丁放入寿司饭中，搅拌均匀成石榴包内馅儿。

⑧ 香菜梗用开水烫软。

⑨ 取一张水晶皮铺盘内，放入适量拌好的内馅儿。

⑩ 用手把口收严，再用香菜梗捆扎结实，在石榴包顶端装饰飞鱼籽即成。搭配寿司姜和寿司酱油同食即可。

素三鲜水饺

原料

冷水面团500克，鸡蛋4个，木耳、韭菜、虾仁、海参、生油、盐、味精、香油各适量

做法

① 鸡蛋磕入碗中，打散，入热油锅中炒成碎片。虾仁、海参切碎，韭菜洗净切末。木耳泡发后洗净，切成末。

② 将虾仁碎、海参碎、鸡蛋碎、木耳末、韭菜末一同放入容器中，加入生油、盐、味精、香油调拌均匀，制成馅料。

③ 取冷水面团搓条，下剂，擀皮，包入馅料，做成水饺生坯。

④ 锅内加水烧开，下入水饺生坯，煮熟即可。

草帽饺

原料

烫面团300克，鸡蛋3个，白菜、韭菜、水发木耳、虾皮、粉丝、生油、盐、味精各适量

做法

① 白菜洗净切碎，加盐腌一会儿，挤去水分。韭菜洗净切末。木耳切末。粉丝泡发，洗净切碎。鸡蛋打散后炒熟。

② 将白菜碎、粉丝碎、虾皮、韭菜末、木耳末、炒好的鸡蛋加生油、盐、味精拌匀，制成馅料。

③ 取烫面团搓条，下剂，擀皮，包入馅料，做成草帽形水饺生坯，上锅蒸8分钟即成。

烫面团300克，猪肉200克，葱末、姜末、盐、味精、酱油、生油各适量

做法

① 猪肉绞成泥，加入葱末、姜末、盐、味精、酱油、生油搅拌均匀，制成馅料。

② 取烫面团搓条，下剂，擀皮。

③ 将馅料包入皮内，捏成眉毛形饺子生坯，上锅蒸8分钟即成。

眉毛饺

原料

高筋面粉500克，猪肉馅儿200克，粉丝、盐、胡椒粉、花生油、凉水各适量

做法

① 粉丝放入热油中炸酥，取出切碎，加入猪肉馅儿中，拌匀，再加入花生油、盐、胡椒粉拌匀，制成馅料。

② 高筋面粉加凉水和成冷水面团，搓条，下剂，擀成面皮。将肉馅儿挤成丸子，摆在面皮边上，再从一边卷起压紧，用模具扣出水饺生坯。

③ 锅内加水烧开，下入水饺生坯，煮熟即成。

俄罗斯水饺

榨菜豆角素蒸饺

原料

面粉	200克
沸水	150克
豆角	200克
榨菜	40克
泡发木耳	60克
鸡蛋	2个
小葱花	20克
油	2汤匙
盐	3/2茶匙
香油	1茶匙

做法

① 面粉中边冲入沸水，边快速搅拌，揉成面团。

② 锅中烧开水，水里放1茶匙盐，将豆角放入余3分钟，捞出过凉，沥水，切碎。

③ 榨菜切碎。木耳切碎。鸡蛋打散，加入1/4茶匙盐打匀。

④ 锅中烧热油，下入蛋液，小火快速炒散成蛋碎。蛋七八成熟时倒入小葱花、榨菜碎、木耳碎，炒1分钟。再倒入豆角碎，调入1/4茶匙盐和香油，炒匀即可关火。

⑤ 烫面团搓成长条，分切成数个等大的小剂子。

⑥ 将剂子擀开成面皮，包入馅料。

⑦ 把边缘捏上波浪边。

⑧ 也可做另一种造型的蒸饺生坯。将面皮对折，中间捏合后两端向内收。

⑨ 生坯两端各捏出两个角。将所有生坯开水上锅，大火蒸6分钟即可。

小贴士

· 不同面粉性质不同，需要的沸水量也不同，正确的加水量为面和好后能成团，但不会很粘手。

四喜蒸饺

原料

面粉200克，玉米淀粉30克，开水65克，凉水60克，猪肉250克，鸡蛋2个，大葱30克，香菇2朵，红尖椒2个，黄瓜半根，盐1/2茶匙，白糖1/2茶匙，香油1汤匙，黄酒1汤匙，生抽1茶匙，胡椒粉1/4茶匙，味精1/4茶匙，姜3克

小贴士

· 用于造型点心的面团不能和得太软。

· 采用半烫面的调制手法是为了使面团的可塑性更好。

· 生坯不要蒸得时间过长，否则填入的黄瓜易变黄。

做法

① 鸡蛋蛋黄和蛋白分别摊成两种蛋皮，猪肉剁成馅儿。

② 黄瓜、红尖椒均切小粒，用少许香油拌匀。两种蛋皮分别切小粒。

③ 香菇、大葱切粒，姜切末。猪肉馅儿中先放入黄酒、盐、生抽、胡椒粉、姜末和少许水搅打均匀，再放入香菇粒和大葱粒，倒入香油，拌匀成馅儿。

④ 面粉和玉米淀粉放入盆中搅匀，先加入开水搅拌，再加入凉水拌匀，揉搓成均匀的面团，发酵10~15分钟。

⑤ 发酵好的面团搓条，分割成剂子，把剂子按扁后擀成圆形的饺子皮。

⑥ 取一个饺子皮，中间放入馅料。

⑦ 先包成四角形，顶部捏紧。

⑧ 再把不相靠的两个边在距中心点稍近处捏起来，形成中心花形，再把每个角捏一下。

⑨ 四个洞分别填入红椒粒、黄瓜粒、蛋清皮粒、蛋黄皮粒。

⑩ 箅子刷油后放上四喜饺生坯，放入已经烧开的蒸锅内，大火蒸4~5分钟即可。

虾皮黄瓜鸡蛋锅贴

原料

面粉	400克
开水	120克
凉水	120克
黄瓜	400克
鸡蛋	3个
虾皮	15克
北豆腐	140克
香油	1茶匙
盐	1茶匙
白糖	1/2茶匙
味精	1/2茶匙
干淀粉	1大匙
植物油	适量

小贴士

- 煎锅贴一定要用小火，最后2分钟要随时打开锅盖观察锅内情况，以免煎煳。

做法

① 面粉放入面盆中，冲入开水，用筷子搅拌均匀，再分次加入凉水搅拌成雪花状。

② 用手揉成均匀的面团，盖湿布发酵15分钟。

③ 黄瓜纵向切成4瓣，把瓤用刀切掉不用。

④ 将黄瓜切成小粒，用1/2茶匙盐腌10分钟，挤干水分。鸡蛋打散，放入油温七成热的油锅中炒至八成熟，晾凉。北豆腐切丁。黄瓜丁、豆腐丁、炒鸡蛋、洗净的虾皮放入容器中，加香油、味精、白糖、1/2茶匙盐调匀，备用。

⑤ 发酵好的面团再次揉匀，搓成长条，分割成数个剂子，每个剂子均约为2个饺子皮剂子的大小。把每个剂子先擀成圆形的面片，再擀成椭圆形的面皮。

⑥ 面皮中包入适量馅料，将边缘捏紧，不用捏褶，且一端留口不封严，成锅贴生坯。

⑦ 平底锅内放少许植物油，烧至四成热。逐个放入锅贴，煎至底部微微变黄时，浇入小半碗淀粉水（干淀粉：水=1∶8）。

⑧ 加盖小火煎6分钟左右，至锅内汤汁收干、锅贴底部金黄时，关火盛出。

乌龙虾饺

原料

冷水面团（含有少量红薯面）500克，水发海参、鲜虾仁、五花肉丁、葱姜末、蛋清、白糖、生油、香油、盐、味精各适量

做法

① 水发海参、鲜虾仁洗净，切碎，加五花肉丁、盐顺一个方向搅成胶状，再加入蛋清、葱姜末、白糖、生油、香油、味精拌匀，制成馅料。

② 取冷水面团搓条，下剂，擀皮，包入馅料，做成水饺生坯。

③ 锅内加清水烧开，下入水饺生坯煮熟，用漏勺捞出装盘即成。

车前子猪肉馄饨

原料

高筋面粉300克，车前子叶、车前子汁、五花肉泥、葱姜末、香菜末、胡萝卜末、酱油、花椒水、猪骨头汤、生油、香油、盐、味精各适量

做法

① 车前子叶洗净，切末，加生油拌匀。五花肉泥加酱油、花椒水、葱姜末、车前子叶末、香菜末、胡萝卜末拌匀，加盐、味精、生油、香油调味，制成馅料。

② 高筋面粉加车前子汁和成面团，发酵后擀成馄饨皮，包馅料，做成馄饨生坯。

③ 锅内加猪骨头汤烧开，加入调料调味。

④ 另一锅内加水烧开，下馄饨煮熟，捞入碗中，倒入骨头汤即成。

蕉香馄饨

原料

馄饨皮	200克
香蕉	100克
香芹末	少许
面粉	适量
沙拉酱	适量
清水	适量

做法

① 香蕉去皮，纵切成两部分，每部分再横切成6份，共12小段。

② 面粉中加入少量清水调为面糊状。

③ 取馄饨皮铺平，香蕉段放在对角线上卷起，涂上面糊，封口固定，两边涂面糊，开口处压紧。

④ 将沙拉酱与香芹末混合均匀，备用。

⑤ 将烤箱预热，放入馄饨生坯，烤12分钟，取出。食用时蘸调好的沙拉酱即可。

小贴士

· 包馄饨的时候可以抹少许面糊水增加馄饨皮黏度，使馄饨包得更加牢固。

蛋煎菠菜虾仁馄饨

原料

雪花粉	600克
盐	5/4茶匙
水	305克
菠菜	250克
猪后肘肉	200克
鲜虾仁	200克
泡发木耳	50克
姜末	1茶匙
料酒	1茶匙
生抽	2茶匙
油	2茶匙
鸡蛋	2个
小葱	1根
香油	1茶匙

做法

① 将雪花粉、1/2茶匙盐、305克水混合，制成馄饨皮。猪后肘肉搅打成肉馅儿，鲜虾仁也搅打成馅儿，混合在一个盆里，调入姜末、料酒、生抽，分几次少量加入水，顺一个方向搅开即可。

② 菠菜洗净，入沸水中汆半分钟，捞出投入冷水中，彻底浸凉后捞出，攥干水分。

③ 将菠菜、木耳切碎，放入肉馅儿中，调入1/2茶匙盐、2茶匙油和香油，搅匀。

④ 馄饨皮包入馅料，制成馄饨生坯。平底锅倒入少许油抹匀，摆上馄饨生坯，略煎。

⑤ 倒入开水到馄饨高度的1/3处，盖上盖子，用中小火煎。

⑥ 小葱切碎，和鸡蛋一起打散，调入1/4茶匙盐打匀，倒入还剩一层水分的锅里。

⑦ 盖上盖子，小火煎至蛋熟。顺锅边转圈淋入少许油，转动锅让底部渗入油再略煎一下即可。

小贴士

· 汆菠菜时间不要太久，不然吃的时候口感太烂。

· 倒入蛋液前，水不要收太干，否则待表面蛋液成熟，底部蛋会煎煳。

面条

鸡蛋酱拌胡萝卜面

原料

面粉	300克
盐	2克
胡萝卜泥	72克
水	适量
五花肉丁	100克
鸡蛋	1个
豆瓣酱	4汤匙
甜面酱	1汤匙
料酒	1茶匙
小葱	1根
黄瓜	1根
胡萝卜	1/2根
烤花生	适量
油	少许

小贴士

· 炒五花肉丁前热油时，可以撒1茶匙花椒炒香，待花椒快变色时捞出。

做法

① 将胡萝卜泥、82克水和盐混合均匀，倒入面粉中，揉成面团，擀薄切条，做成手擀面。

② 将豆瓣酱和甜面酱放入碗中，少量多次地加入约100毫升水，轻轻调开调匀，备用。

③ 鸡蛋打散。锅中倒入少许油，小火烧热，下入鸡蛋液，用筷子快速搅成小碎粒状，至八成凝固即可盛出。

④ 锅烧热，加适量油烧热，倒入五花肉丁。

⑤ 将肉丁煸炒至变色后，倒入料酒炒匀，倒入调好的酱拌匀，烧开后转小火熬煮约10分钟，尝一尝，根据口味决定是否放盐。

⑥ 小葱切碎，和鸡蛋碎一起加入肉酱中，再煮3~5分钟即可盛出。

⑦ 黄瓜洗净，切成细丝。胡萝卜洗净去皮，切成细丝。烤花生去皮，擀碎。锅中加足量水烧开，先倒入胡萝卜丝，余1分钟后捞出，再下入面条，大火煮开，浇入一小碗凉水，再次煮开即可。

⑧ 捞出面条，过一下凉开水即捞出，盛入碗中，加入黄瓜丝、胡萝卜丝、鸡蛋酱，撒上花生碎，拌开即可。

炝锅芹菜叶揪疙瘩

原料

面粉	150克
海米	10克
芹菜叶	20克
胡萝卜	10克
鸡蛋	1个
盐	1茶匙
味精	1/2茶匙
胡椒粉	1/4茶匙
大葱	适量
姜	适量
清水	适量

做法

① 面粉中少量多次加入100克清水和成面团，揉匀，盖湿布发酵15分钟。鸡蛋放入清水锅中煮熟。

② 大葱、姜切末，胡萝卜切片。

③ 海米洗净，用清水浸泡30分钟。

④ 起油锅，爆香葱姜末和胡萝卜片。

⑤ 放入海米和浸泡海米的水，再加足量的清水大火烧开。

⑥ 发酵好的面团再次揉匀，用手蘸清水，把少量面团捏薄。将捏薄的面团一片片揪下来放入锅内，如此反复，直到把面团揪完。

⑦ 开大火煮3分钟，加入芹菜叶后关火，加盐、胡椒粉、味精调味。面疙瘩盛入碗中，把煮好的鸡蛋去皮，切成两半放入即可。

小贴士

· 做疙瘩的面团要揉得软一些，这样吃起来才不会太硬、不好消化。

· 揪疙瘩的时候，手上蘸些水会比较容易操作。

· 喜欢吃辣的人可以再加些辣椒油或者辣椒酱，味道更好。

片儿川（杭州明面）

原料

鲜面条	600克
雪菜	150克
瘦猪肉	100克
竹笋	50克
盐	1茶匙
白糖	1/2茶匙
料酒	2茶匙
生抽	2茶匙
味精	1/2茶匙
胡椒粉	1/4茶匙
干淀粉	1茶匙
大葱	5克
姜	3克

做法

① 瘦猪肉、雪菜洗净，竹笋切片氽水。

② 雪菜切碎，放入清水中浸泡15分钟，挤干水分备用。

③ 瘦猪肉切片，加胡椒粉、干淀粉和1茶匙料酒，用手抓匀。

④ 大葱、姜均切成丝。起油锅，爆香葱姜丝。

⑤ 放入瘦猪肉片滑散，炒至猪肉片变色后烹入1茶匙料酒，再放入雪菜碎和竹笋片略炒。

⑥ 加入适量的水、盐、白糖、生抽大火烧开，煮3~5分钟，加味精调匀即成卤汤。

⑦ 另起一锅放入足量水烧开，下入面条煮熟。

⑧ 煮熟的面条分别捞入4个大碗中，浇入做好的卤汤即可。

小贴士

· 做卤汤用到的猪肉要选猪后腿的瘦肉。

· 切猪肉片时，刀要与肉丝的方向垂直，切出的肉片口感才嫩。

· 一定要选用鲜面条，鸡蛋面最好。

香菇胡萝卜
炝锅面

原料

原料	用量
鲜面条	130克
香菇	20克
胡萝卜	20克
菜心	100克
蒜	1瓣
盐	1/2茶匙
味精	1/4茶匙
胡椒粉	1/4茶匙

做法

① 菜心切段，香菇、蒜、胡萝卜均切片。

② 起油锅，油温升至五成热时爆香蒜片。

③ 放入菜心段、胡萝卜片、香菇片略炒。

④ 加足量清水大火烧开。

⑤ 将鲜面条用水冲洗，去掉外面那层防粘淀粉，以保持汤汁清澈。

⑥ 洗好的面条放入锅中煮熟，加盐、味精、胡椒粉调味即可。

成都担担面

原料

原料	用量
面条	适量
猪肉	150克
宜宾芽菜末	75克
葱花	35克
老抽	80毫升
红油辣椒	30克
味精、川盐	各1/2茶匙
料酒、醋	各1汤匙
鲜汤	400毫升

做法

① 将猪肉洗净，剁成末。

② 油锅烧热，放入猪肉末、料酒、川盐、老抽滑炒熟，制成面臊。

③ 将剩余原料（除面条外）放入碗中。

④ 锅中加清水烧沸，下入面条煮熟。面条捞入碗中，浇上肉臊即可。

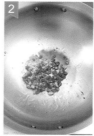

小贴士

· 面条最好选用较细的品种，粗面条不适宜做汤面。

· 如果面条碱味较重，可以在快煮好时加入几滴醋。

臊子面

原料

面粉500克，猪肉丁60克，鸡蛋1个，菠菜30克，黑木耳15克，黄花菜20克，白萝卜、青萝卜各25克，豆腐50克，葱花适量，肉汤700毫升，水淀粉2汤匙，酱油1汤匙，盐适量，碱、花椒粉、鸡精各少许

做法

① 用适量水将面粉拌匀，加入少许碱揉成面团，发酵后切成面条。

② 豆腐切丁。白萝卜、青萝卜分别洗净、切丁，与豆腐丁依次放入沸水中余烫片刻，捞出，过凉，沥干水分。黑木耳、黄花菜泡发后沥干水分，切段。菠菜洗净，切段。鸡蛋打散。

③ 油锅烧热，放入猪肉丁，煸出香味，加入1茶匙盐、花椒粉、葱花、酱油炒匀，盛入碗中。

④ 锅内倒入肉汤烧开，依次下豆腐丁、萝卜丁、菠菜段、黑木耳段、黄花菜段，加少许盐，再次煮沸后用水淀粉勾薄芡，撇去浮沫，倒入猪肉丁，淋入鸡蛋液，加鸡精调味，即成臊子。

⑤ 将面条放入沸水中煮熟，捞出，放入碗中，浇上臊子即成。

油泼面

原料

扯面	150克
油菜	30克
绿豆芽	30克
大葱	1/4根
蒜	3瓣
辣椒粉	1茶匙
生抽	1茶匙
醋	1茶匙
盐	1茶匙
油	2汤匙

做法

① 大葱洗净，蒜去皮，二者均切末。油菜、绿豆芽分别择洗干净。

② 锅内倒适量水烧开，放入绿豆芽和油菜汆熟，捞出。

③ 将汆好的绿豆芽和油菜沥干后铺在大碗底部。

④ 将扯面煮熟，放在大碗中铺好的蔬菜上。

⑤ 向碗中的扯面淋上生抽、醋，撒上盐、葱末、蒜末和辣椒粉。

⑥ 锅置火上，倒入2汤匙油烧热，将油泼在面上即可。

牛肉抻面

原料

牛腩1500克，白萝卜适量，调料包（八角3个，香叶3片，山柰2片，丁香2粒，陈皮2汤匙，拍碎的肉蔻1个，拍碎的草果1个，桂皮1块，小茴香1汤匙)，料酒2汤匙，大葱3段，姜2片，盐适量，面粉400克，食用碱1克，水适量，青蒜碎适量，香菜碎适量，油泼辣子适量

小贴士

· 牛腩汤应该比正常口味略咸一点儿，不然浇入面料中就会感觉淡。

· 第一次放入白萝卜块是为了去除腥膻味并使汤清，炖好后捞出不要。

做法

① 牛腩提前放入冷水中浸泡去血水（中间换几次水），清洗干净，切成4大块。锅中倒入足量水，将大牛腩块放入，水沸后淋入料酒，继续余5分钟，撇去浮沫，捞出大牛腩块，将大牛腩块清洗干净，沥水，切成小块。

② 另起炖锅，加足量水烧开，放入小牛腩块，煮开，撇掉浮沫。

③ 放入姜片、大葱段和调料包，盖上盖子转小火炖1小时。

④ 将1/4个白萝卜切块，放入牛腩锅里，调入1茶匙盐，继续炖1小时，中途撇几次浮沫和油脂。

⑤ 2克盐和食用碱溶于240克水，倒入面粉中，充分揉成光滑的软面团，松弛1小时以上。

⑥ 面团分成4份，将其中一份擀成厚约5毫米的长方形，再切成宽约1厘米的长条。其他面团按相同方法操作，覆盖好，松弛20分钟以上。

⑦ 锅中烧开水，将面条逐个均匀抻长、抻薄、抻细（1根可以抻到1.5米）。

⑧ 将抻好的面条扔入沸水锅，够一碗的量停下来，再略煮半分钟左右，一起捞入碗里。牛腩锅里的白萝卜捞出不要，补充开水和1茶匙盐，烧开。另取50克白萝卜切片，放入锅里，略煮入味。往面条碗里加些青蒜碎和香菜碎，放上小牛腩块和白萝卜片，浇上牛腩汤，根据个人喜好放点儿油泼辣子即可。

徽式炒面

原料

原料	用量
手擀面	250克
瘦肉丝	适量
冬笋	少许
香菇	少许
黄瓜	少许
蒜	少许
酱油	1汤匙
黄酒	1汤匙
盐	1茶匙
味精	1茶匙
油	适量

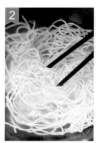

做法

① 冬笋去壳，洗净，切丝。黄瓜洗净，切丝。香菇用水泡发，沥干水分后切丝。蒜洗净，切末。

② 锅中加水烧开，放入手擀面，煮至六成熟时捞出，沥干，备用。

③ 油锅烧热，下瘦肉丝、蒜末、冬笋丝、香菇丝炒香，放入所有调料，翻炒均匀。

④ 放入煮好的手擀面继续翻炒至熟，最后加黄瓜丝炒匀即可。

宜宾燃面

原料

原料	用量
细面条	500克
芽菜、油炸花生仁	各50克
小葱	30克
白芝麻	15克
蒜	4瓣
酱油、香油	各40毫升
鸡精、白糖、醋	各1茶匙
熟油辣椒	1汤匙
辣椒粉	1/2茶匙
花椒粉	少许

做法

① 将油炸花生仁碾碎。芽菜洗净沥干，小葱去根洗净，蒜去皮洗净，分别切成末。

② 将除香油外的调料和白芝麻放入碗中，调匀成味汁。

③ 大火烧开锅里的水，下入细面条煮至断生，用漏勺捞出细面条，用筷子压在上面固定，另一只手握牢勺柄，用力将细面条甩干。

④ 将甩干的细面条放在容器中，加香油拌匀，使面条根根分明、互不粘连。

⑤ 将葱末、蒜末、油炸花生仁碎、芽菜末倒在细面条上，调入味汁，搅拌均匀即可。

饼

扫码看视频

发面油酥大饼

原料

面粉	248克
水	20克
酵母	3克
油	40克
盐	3克
白芝麻	适量

做法

① 将水和酵母混合均匀后，倒入200克面粉，揉成光滑柔软的面团，覆盖，发酵至原体积两倍大。

② 将剩余的48克面粉、盐和油混合均匀成油酥。

③ 取出发好的面团，揉匀排气后，擀开擀薄，均匀地抹上油酥（如果抹不开，可掀起面皮对着油酥涂抹）。

④ 从一端卷起。

⑤ 卷好后向两端稍抻，再从两端对着盘成两个卷。

⑥ 抬起一个面卷覆盖在另一个面卷上。

⑦ 芝麻摊在案板上，将面饼放在芝麻上，轻轻将饼压薄，也将芝麻粘牢，翻面，使另一面也粘上芝麻。将做好的饼坯松弛20分钟。

⑧ 平底锅涂抹些许油，将饼放入，小火烙制。烙的过程中不断转动锅底位置，使受热和上色均匀。烙至两面金黄，按压侧面有弹性即可。

芝麻脆皮烤饼

原料

高筋面粉100克，面粉105克，活性干酵母2克，牛奶150克，橄榄油12克，面粉5克，油15克，盐3克，芝麻适量

做法

① 将高筋面粉和100克面粉混合均匀，再将活性干酵母和牛奶混合均匀倒入面粉中，搅拌均匀，静置10分钟后，用手蘸橄榄油一点点"扎"入面团中。

② 取出面团，先拉抻揉一下。

③ 在案板上摔打面团促进面筋扩展。

④ 将面团折叠再摔打，如此反复摔打约10分钟。

⑤ 将面团收圆入盆，于温暖处发酵至原体积两倍大。

⑥ 将5克面粉、15克油和盐混合均匀成"油酥"。将发酵好的面团取出，轻轻擀开擀薄（在不破的前提下，尽量擀薄）成长方形，均匀刷上油酥。

⑦ 从一端开始叠起，叠成宽度约5厘米的长卷，将收口捏合。将长卷均分成4等份，松弛10分钟。

⑧ 取一份面卷轻轻擀开，用手的虎口将四边拢住捏紧，收成一个圆包状的生坯，收口朝下放在案板上。依次做四份，松弛10分钟。

⑨ 将芝麻放在盘里，手捏住生坯底部收口处，将生坯表面蘸满芝麻。

⑩ 轻轻将生坯擀成圆饼，间隔排放在烤盘上，醒发30分钟后，放入预热至230℃的烤箱中层，喷水，烤8分钟左右即可。

筋饼菜卷

原料

面粉	100克
凉水	56克
猪肉	50克
土豆	1/2个
胡萝卜	1/2个
麻椒	1个
泡发木耳	50克
鸡蛋	1个
葱花	适量
盐	3/4茶匙
料酒	2茶匙
生抽	2茶匙
胡椒粉	1/4茶匙

小贴士

· 凉水和面制成的筋饼口感筋道，包容性强，也不容易湿。筋饼也可以用烫面来制作，则口感偏糯软。

· 为了保证筋饼柔软不干硬，需注意：面团水分要多一些；饼皮要擀到足够薄；锅要热，烙的时间要短；饼皮出锅马上覆盖棉布。

做法

① 面粉和凉水混合，揉成光滑柔软的面团。猪肉切丝。土豆去皮，切丝，用清水洗几遍，捞出沥水。胡萝卜去皮，洗净，切丝。泡发木耳洗净，切丝。麻椒洗净，切丝。鸡蛋充分打散，加入1/4茶匙盐打匀。

② 锅烧热，抹油，倒入蛋液，快速转开成薄薄的蛋皮，两面煎至金黄色，出锅，切成丝。

③ 锅中继续倒入适量油，烧热后放入肉丝，炒至变色。下入葱花炒香，淋入料酒、生抽炒匀。倒入胡萝卜丝和木耳丝，炒1分钟。倒入土豆丝和麻椒丝，炒2分钟。调入1/2茶匙盐和胡椒粉，炒匀，出锅。

④ 面团揉成长条，分切成6等份，摁扁，擀成薄薄的饼皮。

⑤ 锅洗净后，烧热，将饼皮放入，中火快速烙一下。饼皮鼓泡即可翻面，出锅后马上覆盖，保温保湿。

⑥ 摊开一张饼皮，铺上炒好的菜丝、蛋皮丝，将底部先压上来，再从两侧搭压将其紧密包裹起来即可。

蜜汁鸡肉馅饼

原料

高筋面粉100克，面粉105克，活性干酵母2克，牛奶150克，油适量，鸡腿2只，洋葱50克，圆椒35克，香油2茶匙，盐3/2茶匙，蜜汁烤肉酱2汤匙，料酒1茶匙，生抽1茶匙，现磨黑胡椒粉1/4茶匙

做法

① 洋葱洗净，切丝。鸡腿去骨，洗净，用厨房纸吸干水分。

② 将蜜汁烤肉酱、料酒、生抽、1/4茶匙盐和黑胡椒粉在容器中混合均匀。放入鸡腿肉、洋葱丝，抓匀，盖好放入冰箱冷藏一夜。

③ 取出鸡腿肉，鸡皮朝下，将鸡肉较厚处横向切两刀（不切断），防止烤时肉紧缩。

④ 将鸡腿肉鸡皮朝上放在烤网上，下面接铺好锡纸的烤盘。

⑤ 圆椒洗净，切丝，放入腌鸡腿肉的容器中，和洋葱丝一起拌匀，倒入另外一只小烤盘中。烤箱200℃预热好，放入鸡腿肉烤8分钟，翻面，同时把菜盘放进去，一起再烤5分钟。

⑥ 将烤好的鸡腿肉取出，切成小块，和烤好的洋葱丝、圆椒丝一起放入大碗里，调入1/4茶匙盐，混合拌匀成馅料。

⑦ 参照p.73"芝麻脆皮烤饼"做法做好饼皮，放上馅料。

⑧ 包起，收口处捏紧。

⑨ 包完所有饼皮，松弛10分钟，用手轻轻均匀将包坯压薄成馅饼生坯，间隔排放在铺垫好的烤盘上，醒发30分钟。

⑩ 烤箱230℃预热好，喷两次蒸汽，烤10分钟左右即可。

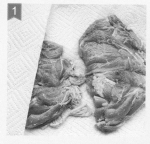

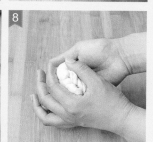

千层肉饼

原料

面粉	200克
温水（50~60℃）	130克
五花绞肉	135克
小葱	60克
姜末	1茶匙
料酒	1茶匙
生抽	2茶匙
老抽	1/2茶匙
五香粉	1/4茶匙
蚝油	3/2汤匙
盐	1/2茶匙
淀粉	1茶匙
香油	1茶匙
油	少许

做法

① 面粉中冲入温水，搅拌均匀，揉成光滑柔软的面团，覆盖松弛30分钟以上。五花绞肉中加入姜末、料酒、生抽、老抽、五香粉、蚝油、盐，分次淋入少许水至可以搅拌顺滑即可，加入淀粉搅匀，最后淋入香油拌匀，静置10分钟。小葱切碎，加入肉馅儿中，拌匀。

② 取过面团，搓成条，一头略粗。

③ 将面团擀开，尽量擀薄。

④ 面皮上铺上肉馅儿，宽的那头留出边缘不铺。从窄的一头开始一层层叠起，边抻边叠，让面皮更薄一些。

⑤ 叠到宽头时，用多余的面皮包住，捏紧边缘，覆盖松弛10分钟。

⑥ 轻轻擀开擀薄松弛过的肉饼生坯。

⑦ 平底锅烧热，锅底淋少许油抹匀，放入肉饼生坯，中小火煎半分钟后，在其表面刷油。

⑧ 将饼翻面，盖上锅盖继续煎，中途翻面，煎至两面金黄、上色均匀、面饼鼓起即可出锅。

茼蒿小煎卷

原料

面粉	200克
开水	140克
茼蒿	200克
干海米	20克
葱末	10克
鸡蛋	3个
油	1汤匙
盐	1茶匙
香油	2茶匙

做法

① 干海米切碎末。茼蒿洗净，晾干。

② 将葱末、海米碎放入小碗里，浇入五六成热的油，搅拌均匀。

③ 面粉中倒入开水，搅拌均匀后揉成面团，覆盖保湿。

④ 鸡蛋打散，炒成蛋碎（留1汤匙蛋液不炒）。茼蒿切细碎，将葱末海米油、蛋碎倒入，最后淋入剩下的蛋液，调入盐和香油，拌匀成馅料。

⑤ 面团搓成长条，切成数个等大的小剂子，将剂子擀开擀薄成长方形，靠面皮一边放上馅料。

⑥ 用面皮卷住馅料，叠起成长条包袱状，压住收口。

⑦ 电饼铛加热，两面抹油，将生坯放入，煎至生坯两面上色均匀即可。

    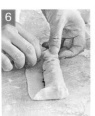

原料

中筋面粉500克，温水（40℃）、韭菜末、鸡蛋、虾皮、盐、味精、生油、香油各适量

做法

① 中筋面粉用温水和成面团，搓条，下剂。

② 韭菜末加生油拌匀。鸡蛋打散，炒至半熟，盛出冷却，与虾皮、盐、味精、香油一起放入韭菜末中，顺搅成馅料。

③ 剂子擀成圆形，将馅料平摊在饼皮一边，把另一边叠上来，压紧，制成半圆形合饼生坯。

④ 平底锅涂上生油，烧热后将合饼生坯平放入，用慢火烙至两面微黄即可。

胶东合饼

原料

面饼300克，排骨、扁豆、葱末、姜末、蒜末、盐、料酒、酱油、白糖、八角、植物油、开水各适量

做法

① 排骨洗净，切块，汆水。扁豆撕去两边的筋，洗净。

② 锅置火上，加植物油，放入扁豆煸炒，加少许盐炒软，铲出，备用。

③ 锅中再加少许植物油，放入排骨炒至变色，放入葱末、姜末、蒜末、八角，加盐、料酒、酱油、白糖焖至排骨熟，放入扁豆，加入适量开水，将面饼放在上面，加盖焖10~15分钟即可。

家乡焖饼

健康油条

原料

原料	用量
高筋面粉	200克
活性干酵母	2克
牛奶	208克
面粉	100克
食用碱	2克
盐	4克
油	适量

做法

① 高筋面粉、活性干酵母和牛奶倒入容器中，边用筷子用力搅拌，边用刮刀把盆边的面糊随时刮下，混合均匀即可。覆盖保鲜膜，发酵至面团鼓起约原体积三倍大，表面可见发酵气泡，但闻起来不酸。

② 将食用碱用刀碾细，再和面粉、盐充分混合均匀，倒入发酵好的面团中，混匀。

③ 将混匀的面团揉至面筋可以延展开，收圆成光滑的面团，再次覆盖发酵至2~3倍大。

④ 将案板上刷油，取出发酵好的面团，顺势揿长成长条形，用手拍的方式（或用擀面杖稍加擀制）整理成长方形，厚度5毫米左右。

⑤ 将面团分切成数个宽度均等的小段，两个一组摞起来（光滑面都朝外），醒发30分钟，至生坯明显松软并鼓胀。

⑥ 筷子用油先抹一下，再纵向压一下生坯。

⑦ 锅烧热，倒入足量的油烧至七成热，取一个生坯，略揿长，两头向相反方向扭一下，放入油锅，不断翻动，炸至两面金黄、上色均匀即可沥油出锅。

小贴士

· ②中倒入面粉应不下沉，否则就是发酵过头。

· 炸油条要想炸出膨松起泡的效果，发酵一定要充分，宁可发酵温度稍低、时间长一些。夏天室温较高，酵母一定不要放多；冬天室温低的时候，酵母可以多用1克。

· 热油中插入筷子马上有小油泡上来，即为七成热。

面鱼

原料

原料	用量
高筋面粉	400克
活性干酵母	4克
牛奶	416克
面粉	200克
食用碱	4克
盐	8克
油	适量

小贴士

· 用拳头在面鱼生坯上压不均匀的窝,是为了炸后可以有不均匀的鼓泡。

做法

① 将活性干酵母和牛奶倒入面包机内桶,混匀,倒入高筋面粉。

② 开启面包机和面程序,程序结束后,关掉面包机,让面团在里面自然发酵至三倍大,再将面粉、食用碱和盐混合均匀,倒在发好的面团上。

③ 用筷子略搅动以防止面粉飞扬,再次启动和面程序。

④ 和面至面筋能够延展,结束程序,将面团收圆,再次发酵至两倍大,按压面团不会快速回弹即可。

⑤ 案板上刷油,放上发酵好的面团用手按压排气。将面团分成两大条,覆盖松弛10分钟,再逐条抻长。

⑥ 用手将面片压薄。

⑦ 将面片切成数个等宽的小段,覆盖松弛10分钟。

⑧ 用手将小段轻轻抻长抻薄成均匀的长方形,用拳头在上面压下不均匀的窝,覆盖醒发30分钟至明显松软鼓起,用刀在每个生坯上竖向切两个切口。

⑨ 锅烧热,倒入足量的油烧至七成热,将生坯放入油锅,不断翻动,炸至两面金黄、上色均匀,沥油出锅即可。

春饼

原料

面粉500克，香油100克，盐5克，凉水、沸水各适量

做法

① 200克面粉中加入凉水，和成冷水面团。

② 剩余300克面粉中加入沸水，和成烫面团，稍凉后加入盐揉匀。再与冷水面团合在一起，揉匀揉透。

③ 将揉好的面团搓条，下剂，逐个按扁，刷一层香油，撒一层干面粉，再刷一层香油，将两个面剂刷油的一面对合在一起，擀成直径约20厘米的春饼生坯。

④ 平底锅置火上，摆入饼坯烙熟，取出揭开成单张，卷成圆筒，装盘即可。

奶香玉米饼

原料

玉米面、中筋面粉、奶粉、鸡蛋液、活性干酵母、泡打粉、清水、白糖、植物油各适量

做法

① 将玉米面、中筋面粉、奶粉调匀，过筛，加入鸡蛋液、白糖、活性干酵母、泡打粉和清水搅匀，用湿布盖严，发酵20分钟，备用。

② 平底锅烧热，刷适量植物油，用汤勺将玉米面浆舀入锅中，制成圆饼状，待底部煎至上色后翻面，煎至两面金黄时出锅装盘即可。

第三章

齿颊留香的米类主食

一首脍炙人口的流行歌
用"最简单也最困难，饭要粒粒分开还要沾着蛋，
铁锅翻不够快保证砸了招牌"，
将"蛋炒饭"推到了"中国五千年火的艺术"的代表这一高度。
我们快来看看除了"蛋炒饭"，
主食高手们还将齿颊留香的米类主食做出了什么花样吧！

米饭

新疆羊肉手抓饭

原料

大米	400克
绵羊肋条肉	250克
胡萝卜	80克
洋葱	200克
盐	3/2茶匙
白糖	1茶匙
胡椒粉	1/2茶匙
酱油	2茶匙
料酒	1大匙
味精	1/2茶匙
孜然	1大匙
姜	10克
葱末	适量
水	适量

做法

① 大米淘洗干净，用清水浸泡20分钟。

② 绵羊肋条肉洗净，肥瘦分开，均切小块。洋葱、胡萝卜均切丁，姜切片。

③ 平底锅烧热，放入肥的羊肉丁炒至吐油，再放入瘦的羊肉丁，继续翻炒3分钟。放入洋葱丁、姜片和胡萝卜丁炒出香味，加料酒、胡椒粉、盐、白糖、酱油、味精炒匀。

④ 放入沥干水的大米铺平，再加入250毫升水大火烧开，加盖转小火焖30分钟。

⑤ 孜然放入另一口锅中，小火炒香，晾凉以后放在案板上用擀面杖擀碎。

⑥ 焖好的米饭放入葱末及孜然碎，拌匀即可。

小贴士

· 因为选的羊肉带一些肥肉，所以炒饭时就不用再加油了。

· 羊肥肉要多炒一会儿，吃起来才不会太油腻。

· 焖制米饭时一定要把火关到最小，水不能加太多，否则就没有粒粒分明的效果了。

辣白菜炒饭

原料

熟米饭	250克
韩国辣白菜	150克
猪绞肉	80克
香油	2汤匙
大葱	10克
白糖	1/2茶匙
盐	1/4茶匙
泡菜汁	2汤匙

做法

① 将韩国辣白菜切碎，大葱切碎。

② 炒锅加热，倒入香油，油热后放入猪绞肉。

③ 不断翻炒至肉变色、变干，加入葱花，炒匀。

④ 倒入辣白菜碎，继续翻炒。

⑤ 调入白糖和盐，炒至松散。

⑥ 倒入熟米饭，再继续炒匀。

⑦ 炒到粒粒均匀。

⑧ 淋入泡菜汁，炒匀即可。

小贴士

· 用香油炒更具韩国风味。

· 辣白菜本身有咸味，所以调味要根据实际情况尝着来。

· 喜红辣的还可以加入辣酱一起炒。最后在炒饭上再加一颗溏心煎蛋的话，就更有韩国料理范儿了。

三文鱼菠萝蛋炒饭

原料

挪威三文鱼	200克
菠萝	1个（约800克）
米饭	300克
什锦玉米蔬菜粒	100克
黄瓜	50克
葡萄干	20克
干麦仁	100克
鸡蛋	2个
盐	3/2茶匙
白糖	1茶匙
鸡粉	1/2茶匙
胡椒粉	1/4茶匙
红酒	1茶匙
小葱	10克
水淀粉	适量
植物油	适量

做法

① 菠萝放平，从1/3处切开，用刀在大瓣的菠萝内侧直刀切一圈。用勺子把菠萝肉挖出来，剩下菠萝盅。

② 菠萝肉切丁。黄瓜去皮，切丁。挪威三文鱼切丁，放入1/2茶匙盐、胡椒粉、红酒和水淀粉，用手抓匀，腌10分钟入味。

③ 什锦玉米蔬菜粒放入开水锅内余2分钟后捞出。

④ 干麦仁用清水浸泡3小时，放入开水锅内煮10分钟捞出。

⑤ 起油锅，油温升至四成热时，放入三文鱼丁滑炒至变色，捞出。

⑥ 鸡蛋打入碗中，搅打均匀。另起油锅烧热，放入蛋液炒熟，盛出。

⑦ 另起油锅，放入米饭和麦仁，翻炒3分钟。

⑧ 把三文鱼丁、黄瓜丁、菠萝丁、炒鸡蛋、什锦玉米蔬菜粒放入锅内，加1茶匙盐、白糖翻炒1分钟。

⑨ 小葱切末，和葡萄干、鸡粉一起放入锅中，炒匀即可。

⑩ 炒好的饭盛入菠萝盅内即可上桌。

咸蛋黄炒饭

原料

熟米饭	300克
熟咸鸭蛋黄	2个
肉松	20克
葱末	适量
香菜末	适量
色拉油	适量
盐	少许

做法

① 熟咸鸭蛋黄压碎。

② 锅内加色拉油烧热，下葱末爆香，放入熟咸鸭蛋黄碎翻炒。

③ 加入熟米饭，调入少许盐炒匀，盛入盘中，撒上香菜末及肉松即可。

咖喱菠萝炒饭

原料

熟米饭	200克
青豆、玉米粒、胡萝卜丁	各20克
虾仁	50克
菠萝丁	80克
咖喱粉	50克
小葱段	20克
姜片	10克
盐、鸡精	各适量
色拉油	10克

做法

① 虾仁用刀片开脊背，去沙线。

② 虾仁、青豆、玉米粒、胡萝卜丁均汆水备用。

③ 小葱段和姜片入热油锅炒香，放入咖喱粉略炒2分钟，再放入熟米饭、虾仁、青豆、玉米粒、胡萝卜丁、菠萝丁炒匀，待米饭炒散，用盐、鸡精调味即可。

原料

草菇、猪心、猪瘦肉、香米、姜丝、葱丝、花生油、香油、盐、鸡精、淀粉各适量

做法

① 草菇洗净，切片。猪心、猪瘦肉切片，用盐、鸡精、香油、淀粉腌入味。香米用清水淘洗干净，备用。

② 煲内加入少许花生油和适量清水，放入香米，中火煲熟成饭，放入草菇片、猪心片、猪瘦肉片，微火再煲4分钟，撒上姜丝、葱丝即可。

草菇猪心肉片饭

原料

热米饭、黄瓜、四季豆、香肠、鸡蛋、盐、味精、花生油、水淀粉各适量

做法

① 黄瓜去皮，去瓤，切丁。四季豆择洗干净，切丁。香肠切丁。

② 鸡蛋磕入碗中，打散，加少许盐和水，隔水蒸熟，用小刀划成小块，备用。

③ 起油锅烧热，放入四季豆丁略炸，倒入黄瓜丁、香肠丁翻炒片刻，加入鸡蛋块翻炒，加盐、味精、水炒匀，用水淀粉勾薄芡，浇在热米饭上即可。

家常盖浇饭

鸡肉盖浇饭

原料

琵琶腿	2个
洋葱	100克
胡萝卜	80克
圆椒	50克
熟米饭	3小碗
料酒	2茶匙
酱油	7茶匙
淀粉	1茶匙
白糖	1汤匙
黑椒汁	1汤匙
水淀粉	1茶匙
油	少许

做法

① 琵琶腿去骨，去皮，去肥油，切成条。

② 将鸡肉条放入容器里，倒入料酒、1茶匙酱油和淀粉，抓匀，腌30分钟。

③ 将6茶匙酱油、白糖和黑椒汁在小碗里调匀。

④ 洋葱、胡萝卜和圆椒分别切丝（不必很细）。

⑤ 炒锅置火上，倒入少许油，油热后，放入鸡肉条，煎炒至鸡肉条变色后，倒入调好的酱汁。

⑥ 空酱汁碗中加入与酱汁等量的水，涮一下碗后倒入锅里，拌匀。

⑦ 倒入所有菜丝，拌匀后盖上锅盖，焖3分钟左右。

⑧ 焖至菜软，把火开大，淋入水淀粉，将汤汁收稠，关火。碗里盛入米饭，再连汁儿浇上菜丝鸡肉即可。

泉州萝卜饭

原料

东北大米1000克，带皮五花肉500克，小香菇25克，干贝15克，海米15克，小葱50克，白萝卜800克，小葱20克，盐3茶匙，白糖1汤匙，生抽2茶匙，老抽4茶匙，胡椒粉1/2茶匙，鸡粉1茶匙，黄酒3汤匙，植物油2汤匙，葱油2汤匙，姜片20克，八角2个，桂皮3克，蒜10克

做法

① 把带皮五花肉汆水后放入锅内，加2茶匙老抽、八角、桂皮、1茶匙盐、1汤匙黄酒和10克姜片，再加入适量的水没过五花肉，大火煮开后转小火煮20分钟。

② 小香菇、干贝、海米分别泡发，洗净。

③ 将煮好的五花肉捞出晾凉。

④ 把五花肉、洋葱分别切成大小适当的丁，把蒜切片。

⑤ 白萝卜去皮后切丁或滚刀块。

⑥ 锅烧热后放入植物油，再把五花肉丁放入，炒至肥肉变得透明。再放入洋葱丁、蒜片、姜片炒出香味，然后放入干贝、海米和小香菇，烹入2汤匙黄酒略炒。

⑦ 放入白萝卜丁，加2茶匙老抽、生抽、2茶匙盐、白糖、胡椒粉、鸡粉炒至白萝卜上色。

⑧ 东北大米淘洗干净，放入电饭锅内胆中，将浸泡小香菇、干贝、海米的水过滤澄清后取850克倒入内胆中，再放入炒好的材料。

⑨ 启动电饭锅煮米饭。饭煮好后沿锅边淋入葱油，再撒入切圈的小葱拌匀即可。

小贴士

· 五花肉先卤熟再煮饭，味道和口感会更好。

· 最后淋入葱油、撒小葱圈，能起到炝锅增香的作用。

茄汁肋排饭

原料

肋排块400克，红彩椒、黄彩椒各1/2个，菜花50克，米饭适量，料酒2汤匙，小茴香1茶匙，八角2个，香叶2片，大葱2段，姜2片，番茄沙司3汤匙，白醋1汤匙，生抽1汤匙，盐1茶匙，白糖1汤匙，蒜3瓣

做法

① 锅中倒入足量水，放入肋排块，大火煮开后倒入料酒继续煮2~3分钟，捞出洗净。

② 将汆好的肋排块放入压力锅，倒入微微没过肋排块的水，将八角、小茴香、香叶装入料包后和大葱段、姜片一起放入锅中，加入1/2茶匙盐，压制30分钟。

③ 菜花洗净，掰成小朵。红彩椒、黄彩椒分别洗净，切成小滚刀块。蒜拍碎，切末。将番茄沙司、白醋、白糖、生抽、1/2茶匙盐在小碗里混匀，制成酱汁。

④ 将煮好的肋排块捞出，沥水。

⑤ 炒锅里倒入稍多一点儿的油，烧热后倒入肋排块，煎至肋排块表面微焦，倒掉锅底的油。

⑥ 倒入蒜末，小火炒香。

⑦ 倒入调好的酱汁，炒匀后倒入开水，刚刚没过肋排块就好，盖上锅盖小火煮。

⑧ 汤汁剩一半的时候倒入菜花一起煮。

⑨ 汤汁收稠出锅前倒入彩椒块，翻炒均匀，关火。搭配米饭食用即可。

小贴士

· 煎肋排块要热油下锅，火候大一点儿。煎之前尽量沥干肋排上的水，以免油激烈迸溅。

培根三丁焖饭

原料

大米	300克
土豆	150克
胡萝卜	66克
香菇	95克
培根	2片
小葱	1根
白糖	1/2茶匙
盐	1/2茶匙
生抽	1茶匙
油	少许

做法

① 大米淘洗干净，放入电饭煲内胆里，按正常煮饭水量加水先略浸泡。

② 土豆和胡萝卜均去皮、洗净，香菇洗净，三者全部切成小丁。培根切小丁。

③ 炒锅油热后，放入培根丁，煸炒至变色、肥肉吐油。倒入所有蔬菜丁，翻炒1分钟。调入白糖、盐和生抽炒匀。

④ 将炒好的原料全部倒入电饭锅里，和大米略搅匀，盖上盖子，摁下煮饭键。煮饭键跳起后，再焖10分钟。打开锅盖将切碎的小葱花快速放进去，拌匀，出锅。

穆洛米饭

原料

黑豆	200克
香米	100克
洋葱	80克
青椒	50克
蒜末	适量
鸡味高汤	300毫升
盐	1/2茶匙
油	适量
白胡椒粉	适量

做法

① 洋葱去外皮，洗净，切丝。青椒洗净，切圈。香米洗净。

② 黑豆洗净，放入锅中，加适量清水大火煮开，捞出，沥干。

③ 油锅烧热，下洋葱丝、蒜末、青椒圈炒香，放入黑豆、鸡味高汤、香米。

④ 加盖后大火煮沸，转小火焖至米饭全熟、汤汁收干，加入盐和白胡椒粉调味即可。

话梅茶泡饭

原料

大米	100克
绿茶	1茶匙
黑芝麻	1/2茶匙
话梅	2颗
海苔	1片
日本酱油	1/2小匙

做法

① 大米淘洗干净，沥干，放入清水中浸泡约20分钟。

② 将浸泡好的大米放入电饭锅内，加适量清水，焖熟。

③ 将焖好的米饭盛入碗中，淋上日本酱油，将黑芝麻均匀地撒在米饭上。

④ 将海苔切丝，放在米饭上，准备好的话梅也放在米饭上。

⑤ 将绿茶用开水冲泡好，倒入米饭中，没过米饭的2/3即可。

蛋饼饭卷

原料

烫面团	180克
鸡蛋	3个
培根三丁焖饭	400克
盐	1茶匙
油	适量

做法

① 烫面团分成3等份，逐份擀开擀薄成圆饼皮。

② 鸡蛋打散，加盐，打匀。平底锅烧热，淋入少许油转开，转小火加热，放入一张饼皮，5秒钟后翻面。倒上1/3的蛋液，用铲子推匀。

③ 放上培根三丁焖饭，摊平略压实，四个边缘各留出2~3厘米空白。

④ 将饼皮左右两边先翻上来压住米饭，再将上边翻上来，压住定型。

⑤ 戴上手套将其紧密卷起来。

⑥ 卷到底边，压住接口再烙一下。烙至上色均匀、漂亮，出锅，切件。依次做完其他。

蜜汁肉片米堡

原料

大米	150克
糯米	150克
里脊肉	1/3条
生菜	适量
蜜汁烤肉酱	2汤匙
料酒	2茶匙
生抽	1茶匙
老抽	1茶匙
蜂蜜	2茶匙
水	2汤匙
小葱	3根
姜	2片
烧烤料	1汤匙
蛋液	适量
盐	适量

做法

① 生菜洗净，沥干水分。糯米淘洗干净，浸泡3小时以上。大米淘洗干净，倒入电饭煲内胆，将泡好的糯米连水一起倒入，水量比单用大米煮饭要少一点儿。按下"煮饭"键，煮好后闷15分钟左右。

② 里脊肉切成1厘米左右宽的肉块，用肉锤（或刀背）敲薄敲松，将敲松的肉块切成肉片。

③ 在容器中放入蜜汁烤肉酱、料酒、生抽、老抽、蜂蜜、1/2茶盐和水，搅匀。放入肉片，加入切段的小葱和姜片，搅匀，腌30分钟。

④ 将防粘高温布铺在烤盘上，在准备放米饼的地方抹点儿水，圆形模内侧也沾些水。将圆形模放在烤盘上，中间填入米饭。将一个底儿较大且能放进圆形模的杯子底部蘸些水，用力将米饭压实，再用勺背蘸水将米饼形状整理均匀，脱模。

⑤ 蛋液中加些盐打匀，刷在米饼表面。烤箱180℃预热好，米饼入上层烤5分钟左右至蛋液凝固，取出。

⑥ 平底不粘锅烧热，倒入油，油热后，放入腌好的肉片。煎至肉片两面变色后，倒入腌肉的料汁（包括葱、姜），不断翻炒至料汁收浓。

⑦ 撒些烧烤料，快速炒匀，关火。按"米饭饼——生菜——肉片——生菜——米饭饼"的顺序组合成米堡。

蛋包饭

原料

鸡蛋	3个
米饭	1小碗
洋葱	40克
胡萝卜	50克
杏鲍菇	50克
培根	1片（约40克）
胡椒粉	1/4茶匙
生抽	1茶匙
淀粉	2茶匙
水	2茶匙
盐	1/2茶匙
番茄沙司	适量
油	适量

做法

① 洋葱洗净，切粒。胡萝卜去皮，洗净，切成细丝。杏鲍菇洗净，切成小粒。培根切碎。鸡蛋打散，淀粉和水调匀后加入蛋液中，调入1/4茶匙盐，打匀。

② 炒锅入少许油，烧至五成热时下入培根碎。小火将培根碎煸至微焦，用厨房纸吸掉多余油脂。

③ 锅中下入洋葱粒，小火炒香。待洋葱变透明时，倒入胡萝卜丝和杏鲍菇粒。

④ 调入1/4茶匙盐和胡椒粉，翻炒2分钟。倒入3/2汤匙番茄沙司、生抽，炒匀。倒入米饭，炒散炒匀即可。

⑤ 另起锅，烧温热，喷（或抹）少许油，倒入1/3蛋液，转圆。保持小火，趁蛋液未凝固，立刻在蛋皮的半边铺上炒饭，留出边缘，再将铺好的炒饭稍稍压实。

⑥ 待蛋皮底部煎成形后，将另一半蛋皮翻上来，包住米饭，用铲子将上下边缘压合。

⑦ 出锅，装盘，在蛋皮上挤上适量番茄沙司，理好形状即可。

小贴士

· 煎蛋皮一定要用小火，不然等铺好炒饭，蛋皮底部就煎过了。

· 蛋液入锅转圆后，要趁蛋液未凝固马上铺炒饭，既可增加蛋皮和炒饭的黏合力，又方便蛋皮黏合。

粥

海红蟹粥

原料

新鲜海红蟹	2只
新鲜大米	100克
花生油	1茶匙
盐	1茶匙
胡椒粉	1/2茶匙
鸡粉	1/2茶匙
香油	1茶匙
姜	3片
水	1000毫升

做法

① 把大米洗净放入高压锅内，加入花生油和1000毫升水，大火烧开，加盖转小火煮20分钟后关火，闷至高压锅内无压力时开盖。

② 把海红蟹洗净，蟹腿全部掰掉，脐部掰掉不用。

③ 把蟹壳打开。

④ 去掉蟹鳃和内脏，把蟹切成4块。

⑤ 蟹钳用刀拍几下。

⑥ 把处理好的蟹块和姜片放入煮好的粥内。

⑦ 加入盐，小火煮5分钟，加胡椒粉、香油、鸡粉调匀即可。

小贴士

· 粥中放入螃蟹以后，煮的时间不宜过长，否则口感会变差。

· 姜一定要加，因为姜是热性的，可去蟹的寒性。

蟹黄北极虾咸味八宝粥

原料

小米、糙米、玉米糁、高粱米、燕麦、白芝麻、黏高粱米、薏米仁、花生米各1汤匙，糯米2汤匙，大米3汤匙，核桃仁适量，栗子30克，海米、干贝、姜、蟹黄各10克，北极虾50克，盐1茶匙，胡椒粉1/2茶匙，料酒2茶匙，香油2茶匙，鸡粉1茶匙，葱末适量，水1000毫升

做法

① 把原料中的五谷杂粮及坚果淘洗干净，放入高压锅内。

② 海米和干贝洗净，放入锅内。

③ 姜切片，放入锅内。

④ 加入1000毫升水，放入料酒。

⑤ 加盖大火烧开，转小火煮30分钟，关火闷10分钟。

⑥ 高压锅内无压力后开盖，放入北极虾和蟹黄，不加盖大火煮2分钟。

⑦ 加入葱末、盐、胡椒粉、香油、鸡粉，调匀即可。

小贴士

· 北极虾和蟹黄一定要最后加入，才能保持鲜美的味道。

香甜幼滑南瓜粥

原料

南瓜	250克
干淀粉	2汤匙

做法

① 南瓜去皮，切滚刀块，放入蒸锅中蒸软。

② 蒸好的南瓜放入料理机内，打成南瓜泥。

③ 南瓜泥放入锅内，加入适量水，大火烧开。

④ 干淀粉加少许水调成水淀粉，放入锅内搅拌均匀，再煮1分钟即可关火。

小贴士

· 用料理机打出的南瓜泥很细腻。

· 淀粉的量可以适度调整，只要南瓜粥变浓稠就可以了。

冰糖红芸豆薏米粥

原料

薏米	50克
红芸豆	50克
冰糖	50克

做法

① 薏米、红芸豆均用清水完全泡发，放入高压锅内。

② 放入冰糖。

③ 加入足量的水。

④ 高压锅加盖，大火烧开后，转小火煮15分钟即可。

小贴士

· 薏米和红芸豆煮之前若泡发好，可以节省火力。

· 用高压锅煮粥不仅节省能源，还可以保持原料的
形状。

鸽肉粥

原料

鸽肉	150克
猪肉末	50克
粳米	100克

葱姜末、料酒、盐、香油、胡椒粉　各适量

做法

① 将鸽肉洗净，放入碗内，加葱姜末、料酒、盐拌匀，上锅蒸至熟透。

② 将粳米淘洗干净，下锅，加适量水，大火烧沸。

③ 鸽肉去骨，撕成丝，连同猪肉末一起加入锅内，煮成粥，再调入香油、胡椒粉即可。

墨鱼香菇粥

原料

墨鱼干、猪瘦肉、冬笋、水发香菇、大米、盐、胡椒粉、绍酒、猪油各适量

做法

① 大米洗净。猪瘦肉切成丝。

② 墨鱼干用清水浸泡30分钟，用剪刀剪成细丝。

③ 水发香菇、冬笋均洗净，切丝。

④ 锅置火上，加入适量清水，放入墨鱼丝、猪瘦肉丝、绍酒熬煮烂，然后加入大米、水发香菇丝、冬笋丝、盐熬煮成稀粥，最后调入胡椒粉、猪油稍煮即可。

鲍香小米粥

原料

鲜鲍	300克
鸡腿肉	200克
大米	50克
葱花、姜片	各适量
盐、料酒、生抽	各少许
胡椒粉、香油、色拉油	各适量

做法

① 鲜鲍去壳取肉，洗净。

② 鲍肉切花刀。

③ 大米洗净后放入砂锅熬成粥，放入姜片。待米烂时，放入处理好的鲍肉，调少许色拉油，转小火煮15分钟。

④ 鸡腿肉洗净，剁碎，调入盐、料酒、胡椒粉，腌15分钟。

⑤ 将已经腌好的鸡肉碎放进粥里，朝着同一个方向搅拌后熬煮5分钟，出锅前加入生抽、香油、葱花调味即可。

小贴士

· 在粥煮开改小火煮约10分钟时，加入三四滴色拉油，会使成品粥色泽鲜亮，而且入口特别鲜滑。

粽 子

原味白粽子

原料

圆粒糯米	500克
鲜苇叶	适量

做法

① 糯米洗净，用清水浸泡4小时以上。苇叶洗净，放入开水锅内烫软后捞出。

② 把苇叶顶端硬的部分剪掉。

③ 两张苇叶并排搭在一起，卷成漏斗形，在漏斗中放入糯米。

④ 把多余的苇叶折叠包裹成四角粽，用线把粽子扎紧。

⑤ 包好的粽子放入高压锅内，加足量的水。

⑥ 用篦子把粽子压紧，篦子上面再放一个装满水的大碗。

⑦ 盖锅盖大火烧开，转小火煮1个小时后关火，再闷1小时即可。

小贴士

· 糯米要泡到用手能把米粒碾碎。

· 粽子一定要包紧，否则煮的时候会漏米。

· 煮粽子的时候压篦子和大碗可以使粽子的形状完整。

· 最后的闷制过程很重要，可以使粽子口感更糯。

果脯花生粽子

原料

糯米	500克
花生米	100克
果脯	100克
鲜芦苇叶	适量

小贴士

· 果脯洗净即可使用，无须浸泡，以免香甜味道流失。

做法

① 糯米洗净，用清水浸泡4小时以上。花生米也用清水浸泡至充分涨发。果脯清洗干净，放入碗中。

② 鲜芦苇叶放入开水锅内烫软，用剪刀把苇叶顶部硬的部分剪掉，备用。

③ 取两片剪好的苇叶，并排放在一起。

④ 把苇叶弯折成漏斗形，先放入少许糯米，再放入果脯。

⑤ 盖一层糯米，再放几粒花生米。

⑥ 覆盖糯米填满，用左手的虎口把苇叶捏出一个角。

⑦ 多余的苇叶弯折，覆盖住"漏斗"口。

⑧ 用手捏紧粽子，用线绳捆扎结实，一个粽子就包好了。其他的粽子也全部包好。

⑨ 包好的粽子放入大锅内，加足量的水。

⑩ 用篦子压住粽子，篦子上再压一个装满水的大碗，大火烧开，转小火煮2小时，再关火闷1小时即可。

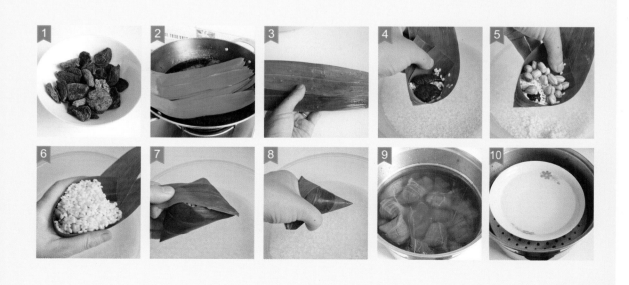

五香猪肉粽子

原料

糯米	500克
带皮五花肉	240克
鲜苇叶	适量
老抽	3/2汤匙
盐、白糖	各2茶匙
植物油	2茶匙
味精、料酒	各1茶匙
胡椒粉	1/2茶匙
五香粉	1茶匙

做法

① 糯米洗净，用水浸泡10分钟，沥干，加1汤匙老抽、1茶匙盐、1茶匙白糖、植物油、1/2茶匙味精拌匀，腌30分钟入味。

② 带皮五花肉洗净，切成大小适当的块，加入1茶匙盐、1茶匙白糖、1/2茶匙味精、1茶匙料酒、1/2汤匙老抽、胡椒粉、五香粉拌匀，腌1小时入味。

③ 鲜苇叶洗净，放入开水锅内烫软后捞出，把顶端硬的部分剪掉。

④ 两张苇叶并排搭在一起，卷成漏斗形，放入少许糯米。

⑤ 糯米上放2块腌好的五花肉，上面再填入一层糯米。

⑥ 包成四角粽，用线扎紧。

⑦ 粽子放入高压锅内，加足量水，用篦子和盛水的大碗把粽子压紧。

⑧ 盖好锅盖大火烧开，转小火煮1小时关火，再闷1小时即可。

麻辣香肠粽子

原料

糯米	500克
麻辣香肠	300克
鲜苇叶	适量
盐、白糖	各1茶匙
味精	1/2茶匙
料酒、老抽	各1茶匙
植物油	2茶匙
胡椒粉	1/2茶匙

做法

① 糯米洗净，用清水浸泡10分钟，沥干后加全部调料拌匀，腌30分钟入味。

② 麻辣香肠洗净，切成大小适当的块。

③ 鲜苇叶洗净，放入开水锅内烫软后捞出，把顶端硬的部分剪掉。

④ 两张苇叶并排搭在一起，折成漏斗形，放入少许糯米。

⑤ 放入2块香肠，上面再填入一层糯米。

⑥ 把多余的苇叶折叠，包成四角粽，用线扎紧。

⑦ 粽子放入高压锅内，加足量水，用箅子和盛水的大碗把粽子压紧。

⑧ 盖好锅盖大火烧开，转小火煮1小时，关火后再闷1小时即可取出。

排骨蛋黄粽子

原料

长粒糯米	1000克
猪小排	500克
咸蛋黄	20个
鲜苇叶	适量
姜片	10克
大葱片	30克
花椒	2克
小茴香	1克
盐	2茶匙
料酒	1汤匙
酱油	3汤匙
白糖	2茶匙
胡椒粉	3/4茶匙
玫瑰腐乳	1块
熟植物油	1汤匙
白酒	1茶匙
味精	1/2茶匙

做法

① 花椒和小茴香放入热油锅中爆香，晾凉以后擀成碎末。

② 猪小排剁成2~3厘米长的段，洗净，加大葱片、姜片、玫瑰腐乳（碾碎）、1茶匙盐、1茶匙白糖、1/2茶匙胡椒粉、料酒、味精、2汤匙酱油、花椒和小茴香碎，用手抓匀，用保鲜膜封好，放入冰箱腌4小时。

③ 咸蛋黄表面洒白酒，放置10分钟。

④ 将糯米洗净，用清水浸泡4小时。浸泡好的糯米沥干水，加1汤匙酱油、1茶匙盐、1茶匙白糖、1/4茶匙胡椒粉、熟植物油拌匀。

⑤ 鲜苇叶放入开水锅内烫至变色，捞出，用剪子把苇叶顶部硬的部分剪掉。取三片苇叶折成漏斗形，放入少许糯米。

⑥ 放入1个咸蛋黄和1块排骨。

⑦ 用糯米填满。

⑧ 把多余的苇叶折叠，包裹成粽子生坯，用线绳扎紧。

⑨ 依次把所有粽子包好，放入大锅内，加入足量清水。用箅子压住粽子，再压一个装满水的大碗，加盖大火烧开，转小火煮3小时，关火闷1小时即可。

汤 圆

苹果花生汤圆

原料

自制苹果酱	200克
去皮熟花生米	50克
糯米粉	200克
肉桂粉	1/2茶匙

小贴士

- 生糯米面团与熟糯米面团混合揉匀可以增加面团的韧性，包馅儿的时候不容易开裂。
- 煮汤圆时锅内一定要加足量的水，这样煮好的汤圆外观才会完整漂亮。

做法

① 去皮熟花生米用擀面杖擀碎，和肉桂粉一起放入苹果酱中，搅拌均匀成馅儿。

② 糯米粉加水揉成面团，取50克糯米面团放入开水锅内煮熟。

③ 把煮熟的糯米面团与生糯米面团放在一起，揉搓均匀。

④ 把糯米面团放到案板上，搓成长条，分割成数个等大的剂子，每个剂子分别用手搓圆。

⑤ 取一个搓圆的剂子，用手指在中间按一个窝，再用拇指和食指把面团捏成窝状，放入馅料，压实。

⑥ 用一只手转动坯子，另一只手把口收紧。

⑦ 把面团尖按扁，用手搓圆成汤圆生坯。

⑧ 锅内加足量的水大火烧开，将包好的汤圆逐个下入锅内，用勺子沿锅边轻轻搅动，直到所有汤圆全部浮起后撇去浮沫，再煮1分钟捞出即可。

雨花石红豆汤圆

原料

糯米粉	120克
巧克力粉	1/2茶匙
绿茶粉	1/2茶匙
水	100克
豆沙馅儿	160克

小贴士

· 混色时对折的次数不要过多，以免做好的汤圆花纹太杂乱，反而不美观。

做法

① 100克水分次加到糯米粉中，拌开，用手揉匀成糯米面团。取30克糯米面团，按扁，放入开水锅内煮约2分钟至能够浮起。

② 煮熟的糯米面团与生糯米团放到一起，用手揉匀。

③ 取1/4的糯米面团，放入绿茶粉，用手揉匀成为绿色面团。

④ 另取1/4的糯米面团，放入巧克力粉，揉成巧克力色面团。

⑤ 将白色、绿色、巧克力色三种面团搓成条，并排放在一起，用手搓成麻花状，对折。再搓成麻花状，再对折，反复2~3次。

⑥ 把混色的面团搓成条，分割成剂子，将剂子用手搓圆。

⑦ 将豆沙馅儿分成数个小团，大小和糯米面剂子相同，搓圆。

⑧ 糯米面剂子用手捏成灯盏窝的形状，中间放入豆沙馅儿。

⑨ 用手把口收严，搓圆，再搓成长圆形。所有的汤圆都做好。

⑩ 锅内放入足量水烧开，逐个下入汤圆，煮至汤圆浮起，再煮1分钟后捞出即可。

鲜肉汤圆

原料

糯米粉	250克
猪肉泥	250克
盐、味精、白糖	各适量
香油、小葱末	各适量
沸水、凉水	各适量

做法

① 糯米粉加沸水和面，再用凉水揉匀。

② 猪肉泥加盐、味精、白糖、香油、小葱末拌匀，制成馅儿。

③ 糯米面团下剂，包入肉馅儿，制成球状，下入沸水锅中煮至浮起，出锅装碗即可。

擂沙汤圆

原料

糯米粉200克，熟黄豆粉适量，黑芝麻、猪油、白糖各适量（三者的比例为2：1：1），沸水适量

做法

① 黑芝麻洗净，炒香，碾碎，和猪油、白糖拌匀，制成芝麻馅儿。

② 糯米粉加沸水和面，下剂，包入芝麻馅儿，制成球状。

③ 将汤圆上锅蒸熟，滚上熟黄豆粉即可。

原料

面粉	200克
花生	100克
白糖	100克
熟花生油、果酱、黄米粉	各适量

做法

① 面粉炒熟或蒸熟。花生炒熟，去皮，磨成粉。

② 将花生粉、熟面粉、白糖、熟花生油、果酱拌匀，制成馅儿。

③ 黄米粉加水制成面团，下剂，包入馅儿，制成球状，入沸水锅中煮熟即可。

黄米花生汤圆

原料

苦瓜	500克
糯米粉	100克
黑芝麻馅儿	适量

做法

① 苦瓜洗净，榨出汁，倒入糯米粉中和成面团。

② 将苦瓜面团下剂，包入黑芝麻馅儿，制成球状，成苦瓜汤圆生坯。

③ 将苦瓜汤圆生坯下入沸水锅中煮熟，用漏勺捞出，装盘即可。

苦瓜汤圆

醪糟黄米小圆子

原料

黄米面	80克
醪糟	150克
水发枸杞	适量
水	55克
白糖	1汤匙
干淀粉	2茶匙

做法

① 将水加到黄米面中，搅拌成雪花状，再揉搓成团。

② 取20克黄米面团，放到开水锅中煮2分钟。

③ 将煮好的面团捞出，与生黄米面团放到一起，揉搓均匀。

④ 将面团放到案板上，搓成条，分割成小剂子，再逐个搓圆。

⑤ 锅内放入足量的水烧开，放入小圆子，撇去浮沫，煮至小圆子浮起。

⑥ 放入醪糟，再调入白糖。

⑦ 干淀粉调成水淀粉，倒入锅内。

⑧ 煮开后放入水发枸杞，调匀关火即可。

小贴士

· 醪糟不能过早加入，否则酒气就完全挥发了。

发 糕

黄金发糕

原料

面粉	200克
细玉米面	50克
温水（不超过40℃）	90克
活性干酵母	4克
南瓜泥	125克
干红枣	适量

做法

① 将面粉和细玉米面混合均匀。

② 面粉中间开窝，加入活性干酵母和温水，混合均匀，再加入南瓜泥，混匀成粗糙的面团。

③ 取出面团，在案板上摔打一会儿。

④ 收成光滑的面团，收圆入盆，覆盖湿布，于温暖处发酵至原体积两倍大。

⑤ 取出发好的面团，放在案板上大致揉一揉（揉时可在案板上略撒一层面粉防粘），排除气泡，收圆。

⑥ 蒸笼内铺垫微湿的纱布，将面团放入，按压平整。将干红枣逐个插在面团表面，覆盖，醒发至两倍大。开水上锅，大火蒸25分钟即可。

小贴士

· 细玉米面过筛一下会更细。

· 用高筋面粉来做，比普通面粉做的口感会更好一些。

蔓越莓核桃玉米发糕

原料

高筋面粉	150克
细玉米面	75克
活性干酵母	4克
牛奶	160克
白糖	18克
蔓越莓干	30克
核桃仁	30克

做法

① 将蔓越莓干和核桃仁分别切碎。

② 活性干酵母和牛奶混匀，倒入高筋面粉、细玉米面和白糖，用面包机和成均匀且很软的面团。在"和面"程序的最后两分钟，倒入蔓越莓碎和核桃仁碎，和匀。

③ 将面团收圆。棉纱布用水浸湿后把水分拧掉，铺在笼屉里，将面团放在纱布上，按压面团使其摊平在笼屉里。

④ 待面团发酵至原体积2.5倍大，开水上锅，大火蒸20分钟，取出，揭掉纱布，放凉切块即可。

香甜玉米发糕

原料

面粉	100克
玉米面	100克
鸡蛋	3个
水	50~60克
白糖	30克
油	25克
活性干酵母	3~4克
泡打粉	5克

做法

① 玉米面过筛，和面粉混合均匀。鸡蛋充分打散，加白糖、水和活性干酵母混合均匀，倒入面中。

② 搅匀成糊状（捞起打蛋器，面糊呈黏稠但可顺利流下、纹路清晰的状态即可），静置发酵1小时。

③ 撒入泡打粉，淋入油，搅匀。倒入六寸脱底圆模，将面糊表面弄平整。

④ 开水上锅，大火蒸28分钟，出锅，脱模即可。

紫胡萝卜发糕

原料

面粉	200克
活性干酵母	4克
白糖	20克
紫胡萝卜	2根
牛奶	54克
油	少许

做法

① 紫胡萝卜洗净。

② 将紫胡萝卜去皮，切块，送入榨汁机，分离汁和渣。

③ 将紫胡萝卜汁、渣与面粉、活性干酵母、白糖及牛奶混合，用面包机和面10~12分钟成均匀的面团。

④ 蛋挞模刷薄薄一层油。

⑤ 将和好的面团放在案板上。

⑥ 手上抹少许油，分出数个两种克重的面团，滚圆。

⑦ 将大面团放入中号蛋挞模，小面团放入小号蛋挞模。

⑧ 覆盖好，发酵至原体积2.5倍大，开水上锅，大火蒸20分钟即可。

小贴士

· 没有紫色胡萝卜，用普通胡萝卜也一样。

· 没有蛋挞模，可以选择小蒸笼。

黑米发糕

原料

原料	用量
面粉	250克
黑米面	50克
活性干酵母	4克
牛奶	200克
葡萄干	适量

做法

① 活性干酵母和牛奶混合均匀，倒入黑米面搅匀。

② 将面粉倒入黑米面糊中，搅匀，揉成面团（揉匀即可，不必揉久），收圆。

③ 圆模内铺上微湿的屉布，放入面团，按压均匀，覆盖发酵至原体积两倍大。

④ 将葡萄干均匀摆放在面团表面，开水上锅，大火蒸30分钟即可。

红糖松糕

原料

糯米粉	100克
黏米粉	100克
红糖	60克
开水	60克
植物油	适量

做法

① 将糯米粉和黏米粉混合均匀。

② 红糖放入碗中，用开水化开成红糖水。

③ 将红糖水缓缓倒入米粉中，用筷子搅拌均匀，再用双手搓细。

④ 将搓过的米粉过筛，筛中剩下的米粉粒用一些筛过的米粉搓匀，再过一次筛，使所有的米粉吃水均匀。

⑤ 米粉表面覆盖几层湿纱布，放入蒸锅内，水开以后蒸15~20分钟，取出倒扣，去掉纱布，晾凉后再切块。

香肠葱花千层蒸糕

原料

面粉	350克
玉米面	80克
黄豆面	40克
活性干酵母	4克
清水	280克
大葱	50克
胡萝卜	30克
香肠	1根
盐	1茶匙
味精	1/2茶匙
油	少许

小贴士

· 每个饼都要擀得大小、薄厚一致，叠放要整齐。

· 每层饼之间刷一层薄薄的油即可，油太多了吃起来会很腻。

做法

① 大葱、胡萝卜均切末，各用一半量的盐和味精拌匀。香肠切末。活性干酵母用水浸泡3分钟，搅拌成酵母水。将面粉、玉米面、黄豆面混合均匀，倒入酵母水拌匀，揉成面团，加盖发酵至原体积2倍大。

② 发酵好的面团放到撒了面粉的案板上，揉搓至面团内无气泡。把面团搓成长条，分割成大小一致的6个剂子，搓圆。

③ 取一个面剂子，用擀面杖擀成直径约18厘米的面饼。

④ 把面饼放到已经刷过油的篦子上，在面饼的表面刷一层油，撒一层葱末。

⑤ 再擀一张饼叠放在铺满葱末的饼上。

⑥ 在第二张饼上刷油，撒一层胡萝卜末。

⑦ 同样擀好其他4张饼，每层交替着刷油、撒葱末和胡萝卜末，叠放在一起，最上面那层也要刷一点儿油。

⑧ 做好的千层饼生坯盖湿布醒发20分钟，放入蒸锅大火烧开，转小火蒸20分钟。关火2分钟后再开盖，表面再撒一些葱末、胡萝卜末、香肠末，再开大火蒸3分钟即可取出，晾凉以后切块食用。

三角团

原料

糯米粉	115克
黏米粉	20克
玉米淀粉	10克
开水	130克
豆沙馅儿	120克

做法

① 把糯米粉、黏米粉、玉米淀粉放入盆中混合均匀，边搅拌边倒入开水，成雪花状。凉至不烫手时，和成面团。

② 把面团放到案板上，搓条，分割成剂子。

③ 面剂子分别搓圆，豆沙馅儿也分成等量小团搓圆。

④ 取一个面剂子按扁，擀成皮，中间放入一个豆沙球。

⑤ 两手协作把面皮边从三个点向上提起，使形成的三个边等长，顶点捏紧包住豆沙馅儿。

⑥ 把三个边分别捏紧，捏出麻绳花边。

⑦ 把做好的三角团生坯放到刷过油的箅子上，开水上锅，大火蒸4~5分钟即可。

小贴士

· 调制三角团面团时，一定要用开水，以增加面团的韧性。

· 捏制麻绳花边的时候，手指可以粘些糯米粉防粘。

红薯米饭煎饼

原料

熟米饭	300克
烤红薯	200克
白糖	适量
蜂蜜	适量

做法

① 将熟米饭装进保鲜袋，用擀面杖将米饭均匀擀压碎。

② 将擀碎的米饭倒入容器中，加入去皮烤红薯，根据口味加入适量白糖，抓匀。

③ 平底不粘锅中倒入适量油，加热。不锈钢蛋圈内侧抹油，放进锅里。

④ 取适量红薯米团，团匀，放入蛋圈内。

⑤ 勺背蘸少许油将米团均匀按压实，撤掉蛋圈，继续做下一个。

⑥ 慢火煎至两面金黄，出锅，淋上蜂蜜即可食用。

第四章

浓香四溢的西式面点

犹记得左手一个面包、右手一袋牛奶，匆匆赶车的清晨；

犹记得一人拿起一块比萨，浓浓芝士丝丝牵挂的欢聚时刻；

犹记得一人咬住意面一端，相互凝视的浓情时分。

西式面点香味浓郁，承载了一个个美妙的瞬间，

让我们一起动手创造更多的美好吧！

面包

薏米红豆餐包

原料

高筋面粉	300克
耐高糖酵母	4克
红糖	50克
盐	3克
薏米	适量
红豆	适量
橄榄油	24克
蛋液	适量
白芝麻	适量

做法

① 取等量的薏米和红豆浸泡4小时，加足量水煮沸，放凉后再煮沸，共煮3次。将薏米和红豆倒入料理机，倒入适量原汤水，搅打成糊，取290克备用。

② 将高筋面粉、耐高糖酵母、红糖、盐、薏米红豆糊混合，用面包机揉成面团，揉至面筋能够扩展开后，取出面团摊开，加入橄榄油。

③ 用手将橄榄油揉入面团后，再将面团放入面包机揉至面筋扩展阶段，即可以将面团轻易拉开成大片的薄膜，破洞呈锯齿状。

④ 面团收圆入盆，覆盖湿布，完成基础发酵。

⑤ 取出面团，排气，分成10等份，滚圆，发酵15分钟。

⑥ 将所有小面团再次按压排气。

⑦ 再次将小面团滚圆，排放入铺垫好的烤盘里，放至温暖湿润处完成最后发酵。小面团刷蛋液，粘白芝麻，入预热至180℃的烤箱中层烤15分钟即可。

小贴士

· 橄榄油是液体油，直接倒进面包机里搅拌会迸溅，有两种办法可以解决此问题：①耐心地将橄榄油少量多次倒入，一次搅匀了再倒下一次，以防溅油；②取出面团，用手操作，将橄榄油揉进面团，再扔进面包机里搅打。

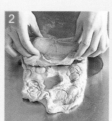

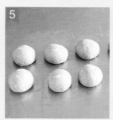

黑麦核桃大吐司

原料

高筋面粉	280克
黑麦粉	120克
耐高糖酵母	5克
白糖	40克
盐	6克
蛋液	50克
水	222克
黄油	35克
核桃仁	100克

做法

① 核桃仁掰碎成小粒。

② 水、蛋液、白糖、盐先在面包机内桶里混匀，再倒入黑麦粉，搅匀。

③ 倒入高筋面粉，最后放上耐高糖酵母，送入面包机，先选"和面"程序运行10分钟，退出程序，再启动"和风面包"程序。

④ "和风面包"程序运行10分钟后加黄油，等候程序自动运行下去。

⑤ 电脑屏显示"02：17"时，暂停程序，倒入核桃仁粒，再次启动程序，等待面包机完成面包制作。

黑米吐司

原料

高筋面粉	270克
黑米粉	30克
耐高糖酵母	5克
牛奶	160克
蛋液	50克
白糖	35克
盐	4克
黄油	28克

做法

① 将牛奶、蛋液、白糖、盐在面包机内桶中混合均匀，加入黑米粉搅匀。

② 倒入高筋面粉和耐高糖酵母，送入面包机，按照p.150"黑麦核桃大吐司"步骤③④操作。

③ 电脑屏显示"01：52"时暂停程序，取出面团，排气后分割成3等份，滚圆，松弛10分钟。

④ 将3份面团搓成等长的长条，由中间开始向两端编三股辫。

⑤ 将编好的面团对折摞起。

⑥ 折好的面团放入面包机内桶，按压均匀，桶外侧包锡纸，送入面包机继续运行程序。

比萨

鸡丁莳萝比萨

原料

高筋面粉	80克
活性干酵母	2克
白糖	8克
盐	适量
水	72克
橄榄油	适量
黑胡椒碎	1/4茶匙
玉米粒	10克
洋葱丝	20克
莳萝	适量
比萨酱	3/2汤匙
鸡腿	2只
干白	1汤匙
淀粉	1汤匙
马苏里拉奶酪碎	100克

做法

① 活性干酵母溶于水中，搅匀。高筋面粉、白糖、2克盐混合均匀，将酵母水倒入，搅匀，揉成面团。

② 加入8克橄榄油，将橄榄油一点点揉入面团后，取出面团放在案板上，继续揉面。

③ 摔打面团。

④ 将面团折叠，收起略按。

⑤ 继续摔打面团至面筋能够伸展，收成光滑的面团，发酵至原体积两倍大。

⑥ 鸡腿去骨，去皮，冲净，切小块，加1/2茶匙盐、黑胡椒碎、干白，抓匀，倒入1茶匙橄榄油拌匀，腌30分钟。倒入淀粉，抓匀。平底锅烧热，倒入能没过锅底的橄榄油，烧热后放入鸡丁，煎至两面金黄，沥油出锅，在厨房纸上吸掉多余油分。

⑦ 比萨盘刷油，将发酵好的面团放入摊开，用叉子扎些眼儿，抹上比萨酱。

⑧ 撒上一半的马苏里拉奶酪碎，铺上鸡丁、玉米粒、洋葱丝、莳萝，再铺上剩下的奶酪。将饼皮边缘刷油，入预热至210℃的烤箱中层，烤10分钟即可。

扫码看视频

红酱南瓜比萨

原料

高筋面粉	140克
活性干酵母	1茶匙
水	95克
白糖	1茶匙
盐	1/2茶匙
橄榄油	1茶匙
比萨酱	2汤匙
马苏里拉奶酪碎	100克
南瓜	40克
红椒	1/4个
培根	1/2片

做法

① 比萨面团按p.153"鸡丁莳萝比萨"做法①~⑤做好，发酵。南瓜去皮，擦成丝。红椒洗净，切成丝。培根切丝。将石板放在烤箱最下层，用烤箱最高温度（230℃）预热40分钟。

② 取出发酵好的比萨面团，按压排气后滚圆，放在一张油纸上。

③ 将面团擀开擀圆，边缘略高，覆盖醒发20~30分钟后，在面饼底部用叉子扎些小洞。

④ 面饼上均匀抹上比萨酱，再撒上马苏里拉奶酪碎。

⑤ 将培根丝、南瓜丝和红椒丝铺在面饼上。

⑥ 再撒一层奶酪碎。面饼连带油纸一起放在石板上，入预热至220℃的烤箱烤10分钟。

⑦ 打开烤箱门，提起油纸看一下，底部呈均匀的棕色时挪到中上层，再烤4分钟至奶酪微焦、面饼边缘上了浅棕色即可。

彩椒培根比萨

原料

高筋面粉	140克
活性干酵母	1茶匙
水	95克
糖	1茶匙
盐	1/2茶匙
橄榄油	1茶匙
比萨肉酱	3汤匙
红彩椒、黄彩椒、绿彩椒	各1/4个
培根	1片
马苏里拉奶酪碎	120克

做法

① 按p.153 "鸡丁莳萝比萨" 做法①~⑤做好比萨面团。将发酵好的面团取出，按压排气，松弛10分钟。比萨盘抹油，将面团放在中心。

② 双手慢慢将面团在烤盘里均匀推开。

③ 面饼铺满烤盘，边缘略高起，覆盖醒发20~30分钟。

④ 红彩椒、黄彩椒、绿彩椒分别洗净，切开，剔除白筋和肉厚的部分。培根切碎。

⑤ 将彩椒切成丁，放在另一个烤盘上，刷上橄榄油，送入烤箱，200℃烤6分钟，去掉部分水分，取出放凉。

⑥ 用叉子在面饼上叉些小眼儿，均匀抹上比萨肉酱。

⑦ 撒上一层奶酪碎，铺上培根碎和彩椒丁。

⑧ 将比萨生坯入预热至200℃的烤箱中层先烤8分钟，取出再铺一层奶酪碎，继续烤5分钟至奶酪化开即可。

小贴士

· 彩椒含水分较多，应先烤一下以去除部分水分。

意 面

牛肉意大利面

原料

意大利面	300克
番茄	1个
牛肉	50克
蒜	适量
盐、白胡椒粉	各适量
番茄酱、橄榄油	各少许
奶酪	1片
清水	适量

做法

① 番茄洗净，用刀在表皮上划十字，汆水后去皮，切小丁。牛肉洗净，切成小块。蒜去皮，与牛肉一同剁成肉泥。

② 锅置火上，加水，煮沸后加入适量盐，然后放入意大利面，待面煮熟后捞出，加入少许橄榄油拌匀。

③ 油锅烧热，将牛肉泥放入锅内大火快炒，加入番茄丁，快炒片刻后加奶酪和适量清水。

④ 加入煮好的意大利面，接着撒入白胡椒粉。

⑤ 煮至水快要收干、番茄熬成泥状时，再加少许番茄酱拌匀煮开，在出锅前再加入少许盐调味。

蟹肉意面

原料

螃蟹	400克
意大利面	400克
茴香	适量
柠檬	2个
盐、黑胡椒碎	各少许
干红辣椒末	适量
橄榄油	3汤匙

做法

① 柠檬皮用擦子擦成碎末。柠檬果肉榨成汁。茴香洗净，根部切丝，叶子切碎。剥出蟹肉。

② 锅置火上，放入2汤匙橄榄油爆香蒜末、干红辣椒末、茴香丝，再放入蟹肉、大部分柠檬皮碎及全部的柠檬汁，用少许盐和黑胡椒碎调味，翻炒至蟹肉成熟，离火。

③ 将意大利面放入沸水中煮5分钟，捞出，沥干，盛入装有蟹肉的锅中，搅拌均匀。

④ 锅中淋入1汤匙橄榄油，再把余下的柠檬皮碎和茴香叶撒在上面拌匀即可。

酱香意大利面

原料

牛肉350克，意大利面200克，小番茄、朝天椒、小葱、薄荷、XO酱、烤肉酱、盐、生抽、葡萄籽油、油各适量

做法

① 牛肉洗净，切末。小葱洗净，切末。朝天椒洗净，切圈。薄荷洗净，切碎。小番茄洗净，切块。

② 油锅烧热，爆香葱末和朝天椒圈，放入XO酱爆香。放入牛肉末，淋入烤肉酱，炒至酱料微干，再放小番茄块、生抽、盐继续翻炒，炒至肉熟即可。

③ 锅里放入清水，煮开后，放入盐，把意大利面放入煮13分钟，捞起意大利面，放入碟中，淋入葡萄籽油拌匀，淋入炒好的酱料即可。

建议上架：生活类　美食类

ISBN 978-7-5552-6466-8

定价：29.80元

ISBN 978-7-5552-6466-8

9 787555 264668 >